作者简介

刘瑞璞，1958年1月生，天津人，北京服装学院教授，博士研究生导师，艺术学学术带头人。研究方向为服饰符号学，创立中华民族服饰文化的结构考据学派和理论体系。代表作：《中华民族服饰结构图考（汉族编、少数民族编）》《清古典袍服结构与文章规制研究》《中国藏族服饰结构谱系》《旗袍史稿》《苗族服饰结构研究》《优雅绅士1-6卷》等。

倪梦娇，1994年4月生，甘肃庆阳人，北京服装学院硕士研究生。代表作：《基于晚清满汉服饰标本的"袖制"比较》等。

国家出版基金项目
NATIONAL PUBLICATION FOUNDATION

壹

满族服饰结构与形制

满族服饰研究

刘瑞璞
倪梦娇 著

东华大学
出版社·上海

内容提要

　　《满族服饰结构与形制》系五卷本《满族服饰研究》的首卷。本书以清中晚期具有标志性的满族妇女氅衣、衬衣等常服标本的整理为线索，结合文献、图像史料考证，对满族服饰结构与形制的历史文脉、规律特征、制式样貌等进行系统整理和呈现。研究显示，满族服饰结构形制不仅对传统继承表现出强烈的族属意识，更创造了中华民族融合与涵化的满族范示，且都记录在满族服饰结构与形制的历史细节中。读者通过本丛书总序《满族，满洲创造的不仅仅是中华服饰的辉煌》的阅读，以及满学和清史结合的学术思考，可以深刻认识从满族固守"十字形平面结构中华系统"，笃行右衽儒家图腾，到圆领右衽大襟马蹄袖而礼出深衣的物质文化形态，确是对学界"三次变革说"清朝易汉改满"呈现华夏传统服制中断"观点的严重质疑。本书是一部基于满族服饰结构与形制研究的中华民族多元一体文化特征的实证专著。

图书在版编目(CIP)数据

　　满族服饰研究. 满族服饰结构与形制 / 刘瑞璞，倪梦娇著. —上海：
东华大学出版社，2024.12
　ISBN 978-7-5669-2439-1

　　　Ⅰ. TS941.742.821

　　　中国国家版本馆CIP数据核字第2024S7P602号

责任编辑　　吴川灵　　陈　珂　　张力月
装帧设计　　刘瑞璞　　吴川灵　　璀采联合
封面题字　　卜　石

满族服饰研究：满族服饰结构与形制
MANZU FUSHI YANJIU： MANZU FUSHI JIEGOU YU XINGZHI

刘瑞璞　　　著
倪梦娇

出　　　　版：东华大学出版社（上海市延安西路1882号，200051）
本 社 网 址：http://dhupress.dhu.edu.cn
天猫旗舰店：http://dhdx.tmall.com
营 销 中 心：021-62193056　62373056　62379558
电 子 邮 箱：805744969@qq.com
印　　　　刷：上海颛辉印刷厂有限公司
开　　　　本：889 mm×1194 mm　1/16
印　　　　张：14
字　　　　数：488千字
版　　　　次：2024年12月第1版
印　　　　次：2024年12月第1次
书　　　　号：ISBN 978-7-5669-2439-1
定　　　　价：228.00元

总 序

满族，满洲创造的不仅仅是中华服饰的辉煌

一

满族服饰研究或许与其他少数民族服饰研究有所不同。

中国古代服饰，没有哪一种服饰像满族服饰那样，可以管中窥豹，中华民族融合所表现的多元一体文化特质是如此生动而深刻。因为，"满族"是在后金天聪九年（1635年），还没有建立大清帝国的清太宗皇太极就给本族定名为"满洲"，第二年（1636年）于盛京（今辽宁省沈阳市）正式称帝，改国号为清算起，到1911年清王朝覆灭，具有近300年的辉煌历史的一个少数民族。"满洲开创的康雍乾盛世是中国封建社会发展的最后一座丰碑；满洲把中国传统文化推上中国封建社会最后一个高峰，……是继汉唐之后一代最重要的封建王朝"（《新编满族大辞典》前言）。这意味着满族历史或是整个大清王朝的历史，满族服饰或是整个清朝的服饰，是创造中华古代服饰最后一个辉煌时代的缩影。旗袍成为中华民族近现代命运多舛且凤凰涅槃的文化符号。无论学界有何种争议，满族所创造的中华辉煌却是不争的事实。至少在中国古代服饰历史中，还没有以一个少数民族命名的服饰而彪炳青史，而且旗袍在中国服制最后一次变革具有里程碑的意义就是成为结束帝制的文化符号，真可谓成也满族败也满族。不仅如此，研究表明，还有许多满族所创造的深刻而生动的历史细节，比如挽袖的满奢汉寡、错襟的满繁汉简、戎服的满俗汉制、大拉翅的衣冠制度、满纹必有意肇于中华等。这让我们重新认识满族和清朝的关系，满族在治理多民族统一国家中的特殊作用。这在满学和清史研究中是不能绕开的，特别是进入21世纪，伴随我国改革开放学术春天的到来，满学和清史捆绑式的研究模式凸显出来，且取得前所未有的成就。正是这样的学术探索，发现满族不是一个简单的族属范畴，它与清朝的关系甚至是一个硬币的两面不可分割，这就需要弄清楚满族和满洲的关系。

二

　　满族作为族名的历史并不长，是在中华人民共和国成立之后确定的，之前称满洲。自皇太极于1635年改"女真"定族名为"满洲"，成就了一个大清王朝。满洲作为族名一直沿用到民国。值得注意的是，在改称满洲之前所发生的事件对中华民族政权的走势产生了深刻影响。建州女真首领努尔哈赤，对女真三部的建州女真、东海女真和海西女真实现了统一，这种统一以创制"老满文"为标志。作为准国家体制建设，努尔哈赤于1615年完成了八旗制的创建，使原松散的四旗制变为八旗制的族属共同体，1616年在赫图阿拉（辽宁境内）称汗登基，建国号金，史称后金。这两个事件打下了大清建国的文化（建文字）和制度（八旗制政体）的基础。1626年，努尔哈赤死，其子皇太极继位后也做了两件大事。首先是进一步扩大和强化"族属共同体"，为提升其文化认同，对老满文进行改进提升为"新满文"；其次为强化民族认同的共同体意识，在1635年宣布在"女真"族名前途未定的情况下，最终确定本族族名为"满洲"。"满"或为凡属女真族的圆满一统；"洲"为一个更大而统一的大陆，也为"中华民族共同体"清朝的呼之欲出埋下了伏笔。历史也正是这样书写的，皇太极于宣布"满洲"族名的转年（1636年）称帝，国号"大清"。然而，满洲历史可以追溯到先秦，或与中原文明相伴相生，从不缺少与中原文化的交往、交流、交融。有关满洲先祖史料的最早记载，《晋书·四夷传》说"肃慎氏在咸山北"，即长白山北，是以向周武王进贡"楛矢石砮"[1]而闻名。还有史书说，肃慎存在的年代大约在五帝至南北朝之间，比其后形成的部落氏族存续的时间长。红山文化考古的系统性发现，或对肃慎氏族与中原文明同步的"群星灿烂"观点给予了有力的实物证据，也就是发达的史前文明，肃慎活跃的远古东北并不亚于中原。满洲先祖肃慎之后又经历了挹娄、勿吉和靺鞨。史书记载，挹娄出现在

1　楛（hù）是指荆一类的植物，其茎可制箭杆，楛矢石砮就是以石为弹的弓砮，这在西周早期的周武王时代算是先进武器。在国之大事在祀与戎时代，肃慎氏族进贡楛矢石砮很有深意。

东汉，勿吉出现在南北朝，南北朝至唐是靺鞨活跃的时期。然而据《北齐书》记载，整个南北朝是肃慎、勿吉、靺鞨来中原朝贡比较集中的时期，南北朝后期达到高峰。这说明两个问题，一是远古东北地区多个民族部落联盟长期共存，故肃慎、挹娄、勿吉、靺鞨等并非继承关系，而是各部族之间分裂、吞并形成的长期割据称雄的局面。《北齐书·文宣帝纪》："天保五年（554年）秋七月戊子，肃慎遣使朝贡。" 而挹娄早在东汉就出现了。同在北齐的天统五年（569年）、武平三年（572年）分别有靺鞨、勿吉遣使朝贡的记载，而且前后关系是打破时间逻辑的，说明它们是各自的部落联盟向中央朝贡。虽然有简单的先后顺序出现，也在特定的历史时期共治共存。这种局面又经历了渤海国，到了女真政权下的金国被打破了。1115年，北宋与辽对峙已经换成了金，标志性的事件就是，由七个氏族部落组成的女真部落联盟首领完颜阿骨打建国称帝，国号大金，定都会宁府。这意味着，肃慎、挹娄、勿吉、靺鞨等氏族部落相对独立而漫长的分散格局，到了金形成了以女真部落联盟为标志的统一政权。蒙元《元史·世祖十》："定拟军官格例"……"若女直、契丹生西北不通汉语者，同蒙古人；女直生长汉地，同汉人。"唯继续留在东北故地的女真族仍保持本族的语言和风俗，也为明朝的女真到满洲的华丽变身保留了根基和文脉。这就是满洲形成前的建州女真、海西女真和东海女真的格局。1635年，皇太极诏改"诸申"（女真）为"满洲"，真正实现了女真大同。

这段满洲历史可视为，上古东北地区多个氏族部落联盟的共存时代和中古东北地区女真部落联盟时代。它们的共同特点是，即便发展到女真部落联盟，也没有摆脱建州女真、海西女真和东海女真的政权割据。因此，"满洲"从命名到伴随整个清朝历史的伟大意义，很像秦始皇统一六国，开创大一统帝制纪元一样，成为创造中华最后一个辉煌帝制的见证。

三

"满洲"作为统治多民族统一的最后一个帝制王朝的少数民族，它所创造的辉煌、疆域和史乘，或在中国历史上绝无仅有。这里先从中国历代帝制年代的坐标中去看清王朝的历史，发现"满洲"（满族）的历史正是整个清朝的历史。这种算法是从1635年皇太极诏改"女真"为"满洲"，转年1636年称帝立国号"大清"算起，到1911年清灭亡共276年，而官方对清朝纪年是从1644年入关顺治元年算起是268年。值得注意的是，正是在入关前的这不足十年里孕育了一个崭新的"民族共同体"满洲，它为创建清朝的"中华民族共同体"功不可没。不仅如此，清朝历史也在中国历代帝制的统治年代中名列前茅，若以少数民族统治的帝制朝代统计，清朝首屈一指。

根据官方的中国帝制历史年代的统计：秦朝为公元前221至前206年，历时16年；西汉为公元前206至公元25年，历时231年；东汉为公元25至公元220年，历时196年；三国为公元220至280年，历时61年；西晋为公元265至317年，历时53年；东晋为公元317至420年，历时104年；南北朝为公元420至589年，历时170年；隋朝为公元581至618年，历时38年；唐朝为公元618至907年，历时290年；五代十国为公元907至960年，历时54年；北宋为公元960至1127年，历时168年；南宋为公元1127至1279年，历时153年；元朝为公元1271至1368年，历时98年；明朝为公元1368至1644年，历时277年。统治时间在200年以上的朝代是西汉、唐、明和清，如果根据统治时间长短计算依次为唐、明、清和西汉；以少数民族统治帝制王朝的时间长短计算，依次为清268年、南北朝170年和元98年。

从满洲统治的清朝历史、民族大义和民族关系所呈现的史乘数据，只说明一个问题，满族——满洲创造的不仅仅是一个独特历史时期的中华服饰文化，更是一个完整的多民族统一的帝制辉煌。满洲在中国近古历史所发挥的作用，从清朝的治理成就到疆域赋予的"中华民族共同体"都值得深入研究。《新编满族大辞典》前言给出的成果指引值得思考与探索：

满洲作为有清一代的统治民族，主导着中国社会近300年历史的发展。它打破千百年来沿袭的"华夷之辨"的传统观念，确立并实践了"中外一体"的新"大一统"的民族观；它突破传统的"中国"局限，重新给"中国"加以定位。……把"中国"扩展到"三北"地区，将秦始皇创设的郡县制推行到各边疆地区：东北分设三将军、内外蒙古行盟旗制；在西北施行将军制、盟旗、伯克及州县等制；在西藏设驻藏大臣；在西南变革土司制，改土归流。一国多制，一地多制，真正建立起空前"大一统"的多民族的国家，实现了至近代千百年来制度与管理体制的第一次大突破，以乾隆二十五年（1760）之极盛为标志，疆域达1300万平方公里。

满洲创建的"大清王朝"享国268年，其历时之久、建树之多、政权规模之宏大，以及疆域之广、人口之巨，实集历代之大成，是继汉唐之后一代最重要的封建王朝。

满洲改变和发展近代中国，文"化"中国，为近代中国定型，又是清以前任何一代王朝所不可比拟的。……如果没有满洲主导近代中国历史的发展，就没有当今中国的历史定位，就没有今日中国辽阔的疆域，亦不可能定型中华民族大家庭的新格局。

四

学界就清史和满学而言，惯常都会以清史为着力点，或以此作为满学研究的纵深，而忽视了满学可以开拓以物证史更广泛的实证系统和方法。这种以满学为着力点的清史研究的逆向思维方法，通常会有学术发现，甚至是重要的学术发现。满族服饰研究确是小试牛刀而解决长久以来困扰学界的有史无据问题。通过实物的系统研究，真正认识了满族服饰研究，不是单纯的民族服饰研究课题，并得到确凿的实证。其中的关键是要深入到实物的结构内部，因此获取实物就成为研究文献和图像史料的重要线索，这就决定了满族服饰研究不是史学研究、类型学研究、文献整理，而是以实物研究引发的学术发现和实物考证。《满族服饰研究》的五卷成果，卷一满族服饰结构与形制、卷二满族服饰结构与纹样、卷三满族服饰错襟与礼制、卷四大拉翅与衣冠制度、卷五清代戎服结构与满俗汉制，都是以实物线索考证文献和图像史料取得的成果。当然，官方博物馆有关满族服饰的收藏，特别是故宫博物院的收藏更具权威性，同时带来的问题是，它们偏重于清宫旧藏，难以下沉到满族民间。在实物类型上，由于历史较近，实物丰富，并易获得，更倾向于华丽有经济价值的收藏，因此像朴素的便服、便冠大拉翅等表达市井的世俗藏品，即便是官定的戎服，如果是兵丁棉甲等低品实物都很少有系统的收藏，"博物馆研究"自然不会把重点和精力投注上去。最大的问题还是，"国家文物"面向社会的开放性政策和学术生态还不健全。而正是这些世俗藏品承载了广泛而深厚的满俗文化和族属传统。这就是为什么民间收藏家的藏品成为本课题研究的关键。清代蒙满汉服饰收藏大家王金华先生，不能说"藏可敌国"，也可谓盛世藏宝在民间的标志性人物。他的"蒙满汉至藏"专题收藏和学术开放精神令人折服。重要的是，需要深耕和系统研究才会发现它们的价值。经验和研究成果告诉我们，"结构"挖掘成为"以物证史"的少数关键。

五

关于"满族服饰结构与形制"。王金华先生的"蒙满汉至藏"，这个专题性收藏不是偶然的，因是不能摆脱蒙满汉服饰"涵化"所呈现它们之间的模糊界限。如果没有纹饰辨识知识的话，单从形制很难区分，正是结构研究又使它们清晰起来。

学界对中华服饰的衍进发展，认为是通过变革推进的，主流有两种观点。第一种观点是"三次变革"说。第一次变革是以夏商周上衣下裳制到战国赵武灵王"胡服骑射"为标志、深衣流行为结果，确立为先秦深衣制；第二次变革是从南北朝到唐代，由汉魏单一系统变为华夏与鲜卑两个来源的复合系统；第三次变革是指清代，以男子改着满服为标志，呈现华夏传统服制中断为表征。第二种观点是"四次变革"说，是在以上三次变革说的基础上，增加了一次清末民初的"西学中用说"，强调女装以旗袍为标志的立足传统加以"改良"，男装以中山装成功中国化为代表的"博采西制，加以改良"（孙中山1912年2月4日《大总统复中华国货维持会函》），成为去帝制立共和的标志性时代符号。然而，上述无论哪种说法都有史无据，忽视了对大量考古发现实物的考证，即便有实物考证也表现出重形制、轻结构的研究，更疏于对形制与结构关系的探索。就"三次变革"和"四次变革"的观点来看，有一点是共通的，就是无论第三次还是第四次变革都与满族有关；还有一个共同的地方，就是两种观点都没有指出三次或四次形制变革的结构证据。而结构的解读，对这种三次或四次变革说或是颠覆性的。满族服饰结构与形制的研究，如果以大清多民族统一王朝的缩影去审视，它不仅没有中断华夏传统服制，更是为去帝制立共和的到来创造了条件，打下了基础。我们知道，清末民初不论是女装的旗袍还是男装的中山装，都不能摆脱"改良"的社会意志，而这些早在晚清就被记录在满族服饰从结构到形制的细节中。

从满族服饰的形制研究来看，无论是男装还是女装都锁定在袍服上，而袍服在中国古代服饰历史上并不是满族所特有。台湾著名史学家王宇清先生在《历代妇女袍服考实》中说，袍为"自肩至跗（足背）上下通直不断的长衣……曰'通裁'；乃'深衣'改为长袍的过渡形制"。可见，满族无论是女人的旗袍，还是男人的长袍，都可以追溯到上古的深衣制。这又回到先秦的"上衣下裳制"和"深衣制"的关系上。事实上，自古以来从宋到明末清初考据家们就没有破解过这个谜题，最大的问题就是重道轻器，重形制轻格物（结构），当然也是因为没有实时的文物可考。今天不同了，从先秦、汉唐、宋元到明清完全可以串成一个古代服饰的实物链条，重要的是要找出它们承袭的结构谱系。"上衣下裳"和"深衣制"衍进的结构机制是相对稳定的，且关系紧密。"上衣下裳"表现出深衣的两种结构形制：一是上衣和下裳形成组配，如上衣和下裙组合、上衣和下裤组合；二是上衣和下裙拼接成上下连属的袍式。班固在汉书中解释为《礼记·深衣》的"续衽钩边"。还有一种被忽视的形制就是"通袍"结构，由于古制"袍"通常作为"内私"亵衣（私居之服），难以进入衣冠的主流。东汉刘熙《释名·释衣服》曰："袍，丈夫著下至跗者也。袍，苞也；苞，内衣也。"明朝时称亵衣为中单，且成为礼服的标配。袍的亵衣出身就决定了，它衍变成外衣，或作为外衣时，就不可以登大雅之堂。这就是为什么在汉统服制中没有通袍结构的礼服，而深衣的"续衽钩边"是存在的，只是去掉了"上衣下裳"的拼接。这就是王宇清先生考证袍为"通裁"，是"深衣"（上下拼接）改为长袍的过渡形制。这种对深衣结构的深刻认知，在大陆学者中是很少见的。

由此可见，自古以来，"上衣下裳制"、"深衣制"和"通袍制"所构成的结构形制贯穿整个古代服饰形态。值得注意的是，三种结构形制有一个不变的基因，即"十字型平面结构"中华系统。这就意味着，中华古代服饰的"三次变革"的观点是存疑的，至少在结构上没有发生革命性的益损，这很像我国的象形文字，虽经历了甲骨、篆、隶、草、楷，但它象形结构的基因没有发

7

生根本性的改变。如果说变革的话，那就是民族融合涵化的程度。汉族政权中，"上衣下裳制"和"深衣制"始终成为主导，"通袍制"为从属地位。即便是少数民族政权，为了宣示正宗和儒统，也会以服饰三制为法统，如北魏。这种情形的集大成者，既不是周汉，也不是唐宋，而是大明，这正是历代袍服实物结构的考证给予支持的。

明朝服制"上承周汉，下取唐宋"，这几乎成为明服研究的定式，而实物结构的研究表明，其主导的结构形制却呈现"蒙俗汉制"的特征，或是上衣下裳、深衣和通袍制多元一体民族融合的智慧表达。朝祭礼服必尊汉统，上衣下裳（裙），内服中单，交领右衽大襟广袖缘边；赐服曳撒式深衣，交领右衽大襟阔袖云肩襕制；公常服通裁袍衣，盘领右衽大襟阔袖胸背制。所有不变的仍是"十字型平面结构"。所谓上承周汉，就是朝祭礼服坚守的上衣下裳制，而赐服和公常服系统从唐到宋就定型为胡汉融合的风尚了，到明朝与其说是恢复汉统不如说是"蒙俗汉制"。这种格局，从服饰结构的呈现和研究的结果来看，清朝以前的历朝历代都未打破，只有在清朝时被打破了，袍服被推升到至高无上的地位。朝服为曳撒式深衣，圆领右衽大襟马蹄袖；吉服为通裁袍服，圆领右衽大襟马蹄袖；常服为通裁袍服，圆领右衽大襟平袖。这种格局，深衣制为上，袍制为尊，上衣下裳用于戎甲或亵衣；形制从盘领右衽大襟变为圆领右衽大襟，废右衽交领大襟；袖制以窄式马蹄袖为尊，阔袖为卑。这或许是第三次变革，华夏传统服制被清朝中断的依据。然而满族服饰结构的研究表明，它所坚守的"十字型平面结构"系统，比任何一个朝代更充满着中华智慧，正是窄衣窄袖对褒衣博带的颠覆，回归了格物致知的中华传统，才有了民初改朝易服的窄衣窄袖的"改良"。这种情形在满族服饰的错襟技术中表现得更加深刻。

六

关于"满族服饰错襟与礼制"。错襟在清朝满人贵族妇女身上独树一帜的惊艳表现，却是为了弥补圆领大襟繁复缘边结构的缺陷。礼制也因此而产生：便用礼不用，女用男不用，满奢汉寡。且又与历史上的"盘领"和"衽式"谜题有关。盘领右衽大襟在唐朝就成为公服的定制，公服作为官员制服，盘领右衽大襟是它的标准形制，又经历了两宋内制化的修炼，即便在蒙元短暂的停滞，到了明代又迅速恢复并成集大成者，这就衍生出盘领右衽大襟的公服和常服两大系统，盘领袍也就成为中国古代官袍的代名词。明盘领袍和清圆领袍在结构上有明显的区别，而在学术界的混称正是由于对结构研究的缺失所致。还有一个"衽式"的谜题。事实上这两个问题的关键都是结构由盘领到圆领、从左右衽共存到右衽定制，才催生了错襟的产生。关键因素就是袍制结构在清朝被推升为以"满俗汉制"为标志的至高无上的地位。

那么为什么在清以前的明、宋、唐的官袍称盘领袍，而清朝袍服称圆领袍？在结构上有什么区别？明、宋、唐官袍的盘领都是因为素缘而生，而清代袍服的圆领多为适应繁复缘边而盛行。为什么会出现这种现象仍是值得研究的课题，但有一点是肯定的，前朝官袍盘领结构，是为了强调"整肃"，而在古制右衽大襟交领基础上，存右衽大襟，改交领为圆领且向后颈部盘绕更显净素，但就形制出处已无献可考。据史书记载，盘领袍式多来自北方胡服，这与唐朝不仅尚胡俗，还与君主有鲜卑血统有关。北宋沈括在《梦溪笔谈》记："中国衣冠，自北齐以来，乃全用胡服。"初唐更是开胡风之先河，"慕胡俗、施胡妆、着胡服、用胡器、进胡食、好胡乐、喜胡舞、迷胡戏，胡风流行朝野，弥漫天下。"而官服制度是个大问题，尤其"领"和"袖"，因此右衽大襟盘领和素缘便是"整肃"的合理形式。清承明制，从明盘领官袍到清圆领袍服正是它的物化实证。而随着繁复缘边的盛行，盘领结构是无法适应的。这也并非满人的审美追求所致，而与完善"清制"有关。乾隆三十七年上谕内阁的谕文，中心思想就是"即取其文，不沿其式"，也就是承袭前制衣冠，可取汉制纹章，不必沿用其形式。这就是为什么在清朝，以袍式为核心的满俗服制中汉制服章大行其道的原因，这其中就有朝服的云肩襕纹、吉服的十二章团纹、官服的品阶补章。十八镶滚的错襟正是在这个背景下产生的，从明盘领结构到清圆领结构正是"不沿其式"的改制为繁复缘边的错襟发挥提供了条件。值得注意的是，它"独树一帜的惊艳表现"，是让结构技术的缺陷顺势发挥"将错就错"的智慧，"以志吾过，且旌善人"（《左传·僖公二十四年》），大有强化右衽儒家图腾的味道。因为女真先祖"被发左衽"的传统，到了满洲大

9

清完全变成了"束发右衽"的儒统，"错襟"或出于蓝而胜于蓝。

中华服制，东夷西戎南蛮北狄左衽，中原右衽，最终"四夷左衽"被中原汉化，右衽成为民族认同的文化符号。这种观点在今天的学界仍有争议。有学者认为："左衽右衽自古均可，绝非通例。"这确实需要证据，特别是技术证据。成为主流观点的"四夷左衽、中原右衽"是因为它们都出自经典，《论语·宪问》中孔子说："管仲相桓公，霸诸侯，一匡天下，民到于今受其赐。微管仲，吾其被发左衽矣。"意为惟有管仲，免于我们被夷狄征服。《礼记·丧大记》说："小敛大敛，祭服不倒，皆左衽，结绞不纽。"世俗右衽，逝者不论入殓大小，丧服都左衽不系带子。《尚书·毕命》说："四夷左衽，罔不咸赖，予小子永膺多福。"四方蛮夷不值得信赖。不用说它们都出自儒家经典，所述之事也都是原则大事，这与后来贯通的儒家右衽图腾的中华衣冠制不可能没有逻辑关系。

争议的另一个焦点是考古发现和文化遗存的左右衽共存。比较有代表性的是河南安阳殷商墓出土的右衽玉人；四川三星堆出土了大量左衽青铜人，标志性的是左衽大立人铜像；山西侯马东周墓出土的男女人物陶范均为左衽；山西大同出土了大量的彩绘陶俑，表现出左右衽共治；山西芮城著名的元代永乐宫道教壁画，系统地表现众天神帝王衣冠，也是左右衽共治。对这些考古发现和文化遗存信息分析，不难发现衽式的逻辑。凡是出土在中原的多为右衽，山西侯马东周墓出土的男女人物陶范均为左衽，翻造后正是右衽；在非中原的多为左衽，如四川三星堆。在中原出现左右衽共治的多为少数民族统治的王朝，如大同出土的北魏彩绘陶俑和元朝永乐宫的壁画。

由此可见，只有满洲的大清王朝似乎比其他少数民族政权更深谙儒家传统。自皇太极1635年定族名为"满洲"，1636年称帝，大清王朝建立，从努尔哈赤到最后一个清帝王御像都是右衽袍服。但这不意味着它没有"被发左衽"的历史，一个很重要的例证就是太宗孝庄文皇后御像，就是左衽大襟常服袍（《紫禁城》2004年第2期）。其中有三个信息值得关注，清早期，女袍和非礼服偶见右衽，这只是昙花一现。进入到清中期之后，女性的代表性非礼服就由氅衣和衬衣取代了，典型的圆领右衽大襟也为各色繁复缘边错襟的表达提供了机会。值得注意的是，十八镶滚缘饰工艺和错襟技术，必须确立统一的右衽式，也就不可能一件袍服既可以左衽又可以右衽。追溯衽式的历史，就结构技术而言，任何一个朝代必须确认一个主导衽式才能去实施，左衽？右衽？必做定夺。因此，"左衽右衽自古均可，绝非通例，"清朝满洲坚守的错襟右衽儒家图腾给出了答案。

七

关于"满族服饰结构与纹样"。纹必有意，意必吉祥，纹肇中华的服章传统在清朝达到顶峰。然而，人们过多关注清代朝吉礼服的纹章制式，如朝服的柿蒂襕纹、吉服的团纹、朝吉礼服的十二章纹、官服的补章等，它们形式布局有严格的制度约束，纹章等级是严格对应形制等级的。而真实反映满族日常生活的却是在满族妇女的常便服上，但捕捉它们并不容易，寻找服饰结构与纹样的规律更是困难。因为根据清律，女人常便之服不入典，实物研究就成为关键。值得注意的是，不论是朝吉礼服还是常便之服，特别是满洲统治最后一个多民族一统的帝制王朝，都不能摆脱国家服制的制约，即便是不入典的妇女常便之服。实物研究表明了深隐的大清衣冠治国与民族涵化的智慧，且都与乾隆定制有关。这在乾隆三十七年的《嘉礼考》上谕可见"国家服制"是如何塑造民族涵化的国家社稷。为了完整了解乾隆定制的民族涵化国家意志，这里将上谕原文呈录并作译文，可深入认识满人如何处理服制的"式"和"文"的关系并治理国家的。

○癸未谕，朕阅三通馆进呈所纂嘉礼考内，于辽、金、元各代冠服之制，叙次殊未明晰。辽、金、元衣冠，初未尝不循其国俗，后乃改用汉唐仪式。其因革次第，原非出于一时。即如金代朝祭之服，其先虽加文饰，未至尽弃其旧。至章宗乃概为更制。是应详考，以征蔑弃旧典之由，并酌入按语，俾后人知所鉴戒，于辑书关键，方为有当。若辽及元可例推矣。前因编订皇朝礼器图，曾亲制序文，以衣冠必不可轻言改易，及批通鉴辑览，又一一发明其义，诚以衣冠为一代昭度。夏收殷冔，不相沿袭。凡一朝所用，原各自有法程，所谓礼不忘其本也。自北魏始有易服之说，至辽、金、元诸君，浮慕好名，一再世辄改衣冠，尽去其纯朴素风。传之未久，国势寖弱，洊及沦胥，……况揆其议改者，不过云衮冕备章，文物足观耳。殊不知润色章身，即取其文，亦何必仅沿其式？如本朝所定朝祀之服，山龙藻火，粲然具列，皆义本礼经，而又何通天绛纱之足云耶？且祀莫尊于天祖，礼莫隆于郊庙，溯其昭格之本，要在乎诚敬感通，不在乎衣冠规制。夫万物本乎天，人本乎祖，推原其义，实天远而祖近。设使轻言改服，即已先忘祖宗，将何以上祀天地，经言仁人飨帝，孝子飨亲，试问仁人孝子，岂二人乎，不能飨亲，顾能飨帝乎。朕确然有见于此，是以不惮谆复教戒，俾后世子孙，知所法守，是创论，实格论也。所愿奕叶子孙，深维根本之计，毋为流言所惑，永永恪遵朕训，庶几不为获罪，祖宗之人，方为能享上帝之主，于以永绵国家亿万年无疆之景祚，实有厚望焉。其嘉礼考，仍交馆臣，悉心确核，辽金元改制时代先后，逐一胪载，再加拟案语证明，改缮进呈，候朕鉴定，昭示来许。并将此申谕中外，仍录一通，悬勒尚书房。

参考译文：

乾隆三十七年十月壬辰十月癸未上谕：朕阅览三通馆所呈纂订的《嘉礼考》，有关辽、金、元三代的衣冠制度，尚未明确。起初辽、金、元未必没有遵循本国族俗，只是后来改用汉唐礼仪形式。这种因袭的依次变革并非一时之举。以金代朝祭服制为例，尽管先前曾有一些纹饰增加，但并未完全摒弃旧制。直到金章宗时期才大体上完成改制。应详细考察诠释这种改变和蔑视废弃旧典的原因，并酌情附上相应的解释，以使后人知晓应该借鉴的教训，这有助于编撰史书且非常重要。辽、元两代可以此为例类推。在前期编订《皇朝礼器图式》时，我曾亲自写序，强调衣冠不可轻易更改。在审阅《通鉴辑览》时，我又一一阐明其义，诚然衣冠制度是一个朝代的文化彰显，需有一个朝代的样式。正如夏收冠和殷冔（xú）冠两者也并未相照沿袭，每一个朝代都有每个朝代的章程法度，这正是所谓"礼不忘本"的道理。自北魏开始就有了易服之说，到了辽、金、元，人们追逐虚名，一再更换衣冠，尽失朴素风尚。因此难以传续，国势便日渐衰弱，一次次沦丧。更何况那些提出改变的人，无非是说衮冕应齐备章纹，不过满足体统观瞻罢了。殊不知章服饰色润制，即取其章制，又何需限制它的形式？就像我朝所规定的朝祀之服，山、龙、藻、火等章纹齐备，都是合乎礼经的本义，又何必用通天冠、绛纱袍之类?而且，祭祀天祖是最崇高的礼仪，礼仪最隆重的地方在于郊庙。追溯其根本，重点是要诚敬地感应先祖，而不在于衣冠的规制。万物都本源于天，人的根本在于先祖，推究其本义，实际上天离我们很远，祖先更近。如果轻言改变服饰，那已经是先忘记了祖宗，那么又如何虔诚地祭祀天地呢？经言:有德行的人祭祀天帝，孝顺之祀供奉亲祖。试问，仁者和孝子能否是两个不同的人？不能尽孝于亲人，又怎能尽敬于天帝呢？朕对此深有感触，因此毫不犹豫地反复教导和告诫后世子孙，要知道应该如何依循和坚守我们创建的法度。我朝衣冠制度看似是一个创造性的举措，实际上是从格物而致知，穷其礼法本义的论理。故所愿满洲子孙（奕叶子孙）能深刻理解这个根本道理，不要被流言所迷惑，永远恪遵我的这个箴训，以免成为亵渎祖宗的罪人，只有这样才能献享昊天之主的恩赐，厚望国家繁荣昌盛万世无疆。这个《嘉礼考》，仍由三通馆官员务必"其文直，其事核"，逐一详载辽、金、元改制的先后次序，并附拟考证说明，修订完善呈朕，待审定后，并将宣告昭示内外，同时著录尚书房。

乾隆上谕这段文字足见乾隆帝儒家修养的深厚，这本身就说明了国家意志的顶层设计。他揭示了乾隆定制"即取其文，不沿其式"的服制国策。最重要的是，他暗喻满洲祖先创建的国家，自北魏开始就有了易服之说，到了辽、金、元，人们追逐虚名，一再更换衣冠，尽失朴素风尚，因此难以传续，国势便日渐衰弱，一次次沦丧。因此他毫不犹豫地反复教导和告诫后世子孙，要知道应该如何依循和坚守创建的法度。清朝衣冠制度看似是一个创造性的举措，实际上是从格物而致知，穷其礼法本义的论理。他愿满洲子孙（奕叶子孙）能深刻理解这个根本道理，不要被流言所迷惑，永远恪遵这个箴训，以免成为亵渎祖宗的罪人，只有这样才能献享昊天之主的恩赐，厚望国家繁荣昌盛万世无疆。这才有了我们从满族妇女氅衣、衬衣这些便服，将汉制襕纹变成满俗的隐襕，将汉人妇女挽袖纹饰前寡后奢的礼制教化，变成满人妇女"春满人间"的人性自由追求。

八

关于"大拉翅与衣冠制度"。这是从王金华先生提供系统的大拉翅标本研究开始的,它也是满洲妇女的便服首衣。大拉翅所承载的满俗文化信息,或是清朝礼冠所不能释读的,但又可以逆推它的衣冠制度。

大拉翅有太多的谜题值得研究:为什么大拉翅到晚清几乎成为满族妇女的标签;它作为满族贵族妇女常服标志性首衣,尽管女人常便之服不入典章,但它为什么受到当时实际掌权人慈禧太后的极力推崇;从便服系统的氅衣和衬衣来看,春夏季配大拉翅,秋冬季配坤秋帽,这种组配已经主导了当时满族妇女的社交生活,成为慈禧和格格们会见包括外国公使夫人在内的社交制服。客观上以氅衣配冬冠或夏冠的标志性便服,已经被慈禧太后塑造成事实上的礼服,而最具显示度的便是"氅衣拉翅配",代表性的形制元素就是氅衣华丽的错襟和大拉翅硕大的旗头板与头花。无怪乎在近代中国戏剧装备制式中,形成了以"氅衣拉翅配"为标志的满族贵妇角色的标志性行头,这也在慈禧最辉煌的影像史料中几乎是疯狂的上镜表现,然而在清档和官方文献中甚至连大拉翅的名字都难觅其踪。

大拉翅的称谓、结构形制和便冠定位是在晚清形成的,据说"大拉翅"是慈禧赐名,但无据可考。如果从两把头和大拉翅所保持直接的传承关系来看,其历史可以追溯到清入关前的后金时代。这意味着满族妇女首服从两把头到大拉翅,正伴随了1635年皇太极定族名"满洲"转年称帝建大清一直到1911年清覆灭,近300年的历史。而大拉翅与满俗马蹄袖从族符上升到国家章制的命运完全不同,甚至连它的历史文脉都难以索迹,难道是儒家的"男尊女卑"思想在作祟?事实上,大拉翅最大的谜题是,在清朝不论男女还是礼便首服,没有哪一种冠像大拉翅那样由发髻演变成帽冠形制。它从入关前的"辫发盘髻""缠头"到入关后的"小两把头""两把头",再到清晚期的"架子头"和"大拉翅",都没有摆脱围绕盘髻缠头发展,只是内置的发架变得越来越大,最终还是脱离了盘髻缠头的"初心",变成了没有任何实际意义的"冠"。讽刺的是，大拉翅的兴衰正应验了乾隆《嘉礼考》上谕"自北魏开始就有了易服之说，到了辽、金、元，人们追逐虚名，一再更换衣冠，尽失朴素风尚。因此难以传续，国势便日渐衰弱，一次次沦丧"的担忧成了现实。值得注意的是，表面上大拉翅衍变充斥着满俗传统，其实人们忽视了它最核心的部分——扁方。因为不论是小两把头、两把头、架子头，还是变成帽冠的大拉翅，扁方不仅始终存在，还作为妇女高贵的标志。因此，扁方成为大拉翅的灵魂所在，通常被藏家珍视而将冠体抛弃。扁方材质不仅追求非富即贵，而且它的图案工艺"纹必有意，意肇中华"的儒家传统比汉人有过之无不及。大拉翅走到"尽失朴素风尚"的地步，在实物研究中真正地呈现在人们面前，成为清王朝覆灭的实证，所思考的或许有更深更复杂的原因。

九

　　关于"清代戎服结构与满俗汉制"。清代戎服是满人的军服还是标志大清的国家戎服，从一开始就模糊不清，或是历朝历代从没有离开中华古老戎服文化这个传统，清朝戎服的"满俗汉制"也不例外。这个结论是从完整的清代兵丁棉甲实物系统的研究得出的，特别是对棉甲结构形制的深入研究发现，它们和秦兵马俑坑出土成建制的各兵种、士官、将军等铠甲的结构形制没有什么不同。同时在兵丁棉甲实物研究的基础上拓充到将军、皇帝大阅甲，尽管不能直接获得皇帝棉甲的实物标本，但可以从权威发表的实物图像和兵丁棉甲实物结构研究的结果比较发现。它们的形制都是由甲衣、护肩、护腋、前挡、左侧挡和甲裳构成，只是将军甲和皇帝甲增加了甲袖部分。兵丁棉甲实物结构的研究表明，这些构成的棉甲部件都是分而制之，并设计出组装的规范和程序。这些都是基于实战，以最大限度地保护自己和有效地攻击敌人的设计。这意味着将军甲和皇帝甲也要保持与兵丁甲一样的结构形制。这也完全可以逆推到秦兵马俑成建制的各兵种、士官、将军等铠甲为什么呈统一的结构制式。这不能简单地理解为秦代很早进入"近代工业化生产"的证据，而是"国之大事在祀与戎"的长期军事文化实践的结果。大清王朝无论是时间还是成就所创造的辉煌，都不会忽视"国之大事在祀与戎"的帝制祖训。那么"满洲"在戎服中是如何体现的？清朝的成功或许从满俗融入华统的戎服制度建设可见一斑。

  清朝服制是以乾隆定制为标志的，从前述乾隆《嘉礼考》上谕的帝训，可以归结到"即取其文，不沿其式"。但如果审视全文的语境就会发现"即取其文，不沿其式"根据实际情况是会发生变化的，并"故所愿满洲子孙（奕叶子孙）能深刻理解这个根本道理。"这个根本道理就是"我朝衣冠制度看似是一个创造性的举措，实际上是从格物而致知，穷其礼法本义的论理"。因此在大清戎服这个问题上，先要"穷其礼法本义"，这个"本义"就是"以最大限度地保护自己和有效地攻击敌人"总结出来的结构形制的戎服传统必须坚守。清朝戎服规制就不是"即取其文，不沿其式"，而正相反，"即取其式，不沿其文"。"即取其式"是保持它的结构形制传统，"不沿其文"就有机会导入八旗制度：正黄旗、镶黄旗、正白旗、镶白旗、正蓝旗、镶蓝旗、正红旗、镶红旗。这在中国古代戎服制度上确是一个伟大的创举。有学者认为，清朝作为少数民族统治的帝制王朝时间最长，最具成就。这并不在清本朝，而是在清之前努尔哈赤统一建州女真、东海女真以及海西女真大部分的同时创制了满文和创立了八旗制度，这不仅成为皇太极定族名"满洲"、称帝建清的基础，也预示着一个辉煌中华的肇端。

2023年5月13日于北京洋房

目录

第一章

绪 论

一、缘起

　　中华古典服饰历经五千年的蜕变，最终在末代封建王朝清代走向中华民族服饰文化的大融合，其形成与前各代不同，以满俗汉制为特色的制式，将中华服饰推上了一个新高峰。女子服饰向来最易受影响、变化最丰富，如先秦、汉唐掀起一时风潮的胡服胡妆，可见民族融合更易推动服饰文化的繁荣和交流。因此，晚清满族女子服饰融汉成华流的特征，是清代女服最终呈现的服饰文化现象，不失为一个以满探华的绝佳研究点。

　　在晚清满族女子服饰中，我们已然看不到满族传统服饰紧身窄袖的外形轮廓，取而代之的是袍服在保持满族主体结构的基础上近乎汉式的宽袍大袖，这个特征在便服中体现得尤为明显。此结论已在文献的梳理中有所呈现，因此本文致力于以标本为主的实物结构研究，以得到与文献的互证。至今，大量晚清服饰标本已在博物馆、民间收藏家等处被妥善保存。值得庆幸的是，本研究得到了清代服饰收藏家王金华先生和王小潇先生的支持，王金华先生还作为北京服装学院研究生的校外导师，给予了专业指导与合作。收藏家提供了近四十件（套）晚清满汉女子服饰作为研究标本，得以对实物进行深入系统研究，且已形成一套完整的工作流程，其中包括实物的图像拍摄、信息采集、结构图复原以及数据整理分析，其结果通过与文献的互证取得了重要的学术发现。从外观标本的整体形制看，满族女子服饰在晚清时期除了搭配方式与汉有异，其余几近相同，呈现宽袍大袖的廓形，华丽夸张的装饰风格，虽汉化严重但族属的文化精神并未消失。从内观比较满汉服饰的结构，两者既具有中华文化的共同基因又保持着满族的独特性，例如它们都坚守着"十字型平面结构"的中华系统。在结构塑造上，满族沿用中华古制的交领和由明式盘领改制成的圆领，未入关前就融满汉襟制为一体的"圆领右衽大襟"就是继承唐宋明盘领袍汉制的创举，入关后成为满俗汉制的时代标志。满族袖制改功用为礼制的"马蹄袖"，以及改汉俗礼制为风尚的"袖胡"；繁复精美的缘饰至晚清衍生出满奢汉寡的"错襟"、满繁汉简的"挽袖"。因此，在清王朝统治的需要和汉文化强大影响力的推进下，晚清服饰经历了对传统的吸收和舍弃，升华为旗袍这个中华一体多元的璀璨文化符号。

在明末内部阶级矛盾和外部民族矛盾的冲击下，满族在关外已完成了从奴隶氏族制社会向封建制社会的转型，入关后建立了中国历史上最后一个少数民族政权的强大封建王朝——清朝。1616年，努尔哈赤在赫图阿拉建立后金政权，制定了集政治、经济、军事于一体的八旗制度。随着氏族内部奴隶制度的崩溃，封建制度在此时得到发展并成为后金的地方制度。后主皇太极改国号为清后入主中原，开始了清王朝268年的统治。定都北京以后，清朝基本继承了明王朝的政治体制治理国家，康乾盛世达到顶峰，亦是衰败的起点。朝廷内部的矛盾和闭关锁国的政策，使经济实力和科学技术与世界先进国家逐渐拉开了距离，表面的强盛掩盖着内在的虚弱。这种"强盛"表现在物质形态上的特征便是不断地向繁复、奢华的粉饰风格发展，掩盖着国家逐渐衰落的真相。直至在与西方的战争中，通过割让土地等不平等条约而被迫打开国门。列强入侵虽使之沦为半殖民地半封建社会，但在某种程度上也有积极的意义，即被迫引进先进技术和与西方进行文化交流。随着辛亥革命的到来，中国的帝制时代结束了，但这不意味满族文化的结束。

满族入关前推行本族服饰，每入一地便强令当地的汉人"薙发易服"，民怨积聚，特别与农民阶层产生尖锐的矛盾，为缓和关系并争取地主集团的支持，于顺治元年五月宣布"天下臣民，照旧束发，悉从其便"。同时，统治阶层带领满人入关以后，在政治上继承明的治国体系，将儒道文化作为清朝的正统思想，便得到有引领作用的汉族地主、官僚阶层的拥护，然而在服饰上又难以接受强大的汉族文化。据《清史稿·舆服制》[1]记载，崇德二年谕诸王、贝勒，昔辽、金、元后用汉服制，变本忘先，仍定清衣服制。顺治朝曾多次推行"薙发易服"的命令。如此引起汉民的强烈反抗，在这种时局下"十从十不从"[2]便是为了缓和清政府与汉民的矛盾形成的民族默契。当然此事件一定发生在清后期，最终不仅仅使汉族女服得以保留。此虽非官方文件，却也代表了清政府的态度。在满汉服饰之争的过程中，汉族服饰因政策反复而受到影响，

---

1 《清史稿·舆服制》，以实录为主，系统整理清代史料。舆服制是其中一部分，记载清朝冠服、礼仪制度。
2 "十从十不从"，为缓和因"薙发易服"引起的民族矛盾而出现的民间流传俗语。其内容为男从女不从，生从死不从，阳从阴不从，官从隶不从，老从少不从，儒从而释道不从，娼从而优伶不从，仕宦从婚姻不从，国号从官号不从，役税从文字语言不从。

也处于溃散和停滞的状态。当政治逐渐安定以后，在与满族服饰逐渐融合中共同得到发展。晚清的满族女子袍服，除了衣长、专有的民族符号马蹄袖和下摆四开裾之外，已和汉族服饰没有太大的差别，便服的同化尤为明显，由于长期的融合和反哺[1]作用形成了你中有我、我中有你的生动时代样貌（表1-1、图1-1）。

表1-1 顺治朝推行"薙发易服"政策相关记载[2]

时间	相关文献记载
顺治元年四月	· "令山海关城内军人各薙发"
顺治元年五月	· "谕令薙发" · "薙发归顺者地方官各升一级，军民免其迁徙，投诚官吏军民皆着薙发，衣冠悉遵本朝制度" · "遵制薙发，各安生业" · "近闻土寇蜂起，乌合倡乱，……谕到，俱即薙发，改行安业，毋怙前非，尚有故违，即行诸剿" · "自兹以后，天下臣民，照旧束发，悉从其便"
顺治元年七月	· "兵务方殷，未遑衣冠礼乐。近简各官，故依明式，速制本品官服，以便莅事。寻常出入，仍依国家旧例"
顺治二年五月	· 重拾薙发易服的衣冠法令
顺治二年六月	· "各处文武军民，尽令薙发，傥有不从，以军法从事" · "再次通告全国军民薙发，二十多天后，重申前令：官民既已薙发，衣冠皆宜遵本朝之制" · 清政府下令传缴江南各省地方，"各取薙发投顺"
顺治十年二月	· 指责"汉官人等冠服体式""多不遵制""仍有层次不合定式者，以违制定罪"

---

1 反哺作用：在满汉服饰文化长期的斗争与融合中，满族借汉文化强化满俗，无疑取得了成功，反过来又对汉文化产生了很大影响，使汉族不仅接受，也主动吸纳，产生了这个时代的独特现象，也为民初旗袍的诞生埋下了伏笔。
2 竺小恩：《中国服饰变革史论》，中国戏剧出版社，2008，第103-107页。

图1-1 晚清时期的满族妇女和汉族妇女[1]

　　清中期以后，满汉的服饰文化是各自发展又不断融合的过程。因此，在研究晚清满族女子服饰结构与形制的课题上，单单只停留在满族范围内，得到的必然是与客观发展的事实结果，存在局限和片面性，应从纵向的时间和横向的民族联系进行比较研究。目前国内外留存大量清代宫廷、民间的服饰实物，因被妥善保存，我们可以透过其完整的结构和繁复的装饰解读其文化内涵。国内这个专题的收藏家王金华和王小潇先生，对清古典满汉服饰颇有研究，服饰收藏的等级和系统性俱佳。王金华先生收藏生涯已五十年有余，特别是将民间显贵的清代服饰、绣品、首饰等藏品整理编辑后，系统地收录于《中国传统服饰》《中国传统首饰》等系列图册中。藏品全面而丰富，涵盖了满汉男女服装、儿童服装、云肩、首饰等，为满汉服饰专题研究提供了难得的样本和实物资料。虽然基于结构和形制的研究尚处空白，也正为本课题研究提供了机会。王小潇先生藏品以清代满汉服饰为主，其所经营的清宫刺绣文化御绣园，将服饰的结构与传统绣作运用于影视与现代设计中，其匠心和技艺为我们对标本的结构和纹样研究提供了新思路。但由于古法裁缝口传心授的传统而缺少文献支持，也为实物考证文献提供了线索。因此，本课题通过标本研究构建专题文献，可靠系统的标本便成为关键。收藏家提供的近四十余件（套）满汉标本，均为佳品，从其绣工和工艺看，应属宫廷或民间非富即贵的传世品，极具研究价值，无疑成为研究晚清满族女子服饰以及满汉服饰文化融合的一手资料。满汉服饰中仅袖制的舒袖、挽袖、袖胡和各种错襟等都有体现，为研究满汉服饰的文化和制度关系提供了可深入探索的实物证据。其中结构与形制研究是关键。

1 中华世纪坛世界艺术馆：《晚清碎影：汤姆·约翰逊眼中的中国(1868—1872)》，中国摄影出版社，2009。

二、文献综述

　　清末辛亥革命的爆发，结束了中国几千年的帝制。清代服制在民主共和的国体下，未能继续沿用，但并没有中断文脉。晚清是距离当代最近的古典时期，遗留下许多珍贵的文献和实物，通过后人的传承和研究，使中华传统文化的经脉植根于人们的意识和行为中，物是人非，服饰作为文化的重要载体，是研究清文化一个至关重要的突破点。国内学者基于遗留文献资料的官方性和可参考性，辅以实物和非官方的文献研究，产生了一些有价值的成果。然而在服饰的结构研究方面，由于技艺传承遵循口传心授的传统，留存的技术文献有限。特别是按清律在清朝官方文献中，便服、女服是不列入典章制度的，清代有关服饰典籍主要是针对礼服和男服制度的记载，但它们对便服和女服的社交伦理是有指导意义的。因此，从清古籍文献中去考察满族世俗服饰的文化现象或有重要学术发现，其本身亦是对世俗服饰文献建构的努力。

　　清代有关礼制古籍，具有官方性的大多是对冠服制度的记载，例如《大清五朝会典》《清史稿·舆服志》《皇朝礼器图式》等，详尽记载了冠服的形制、服色、纹样、穿着场合等。由于满人的统治，虽然也是彰显封建等级苛礼，但也充满着满俗色彩。其中《大清五朝会典》是清代最为完备的行政法典，服饰只是其中的一个部分，全面记载了清代冠服制度。从物质衍生形态的研究发现，其中萨满教、藏传佛教的痕迹明显，当然从"清承明制"到满俗汉制的国策是不会改变的。《清史稿·舆服志》出自诸臣之手而缺乏统一校勘，这虽是硬伤，但就专题的"舆服志"而言是具有较大研究价值的。它记录了清代的服饰制度和礼仪。重点强调的是，它坚持本族骑射文化、民族特色、汲取汉族服饰内在的礼教宗法与满族习俗融合而形成的冠服制度，如上衣下裳制的朝服，开裾和马蹄袖的官服；文武章制的补服等。《皇朝礼器图式》以图绘为主，对于我们目前确定、认识清朝冠服形制提供了官方图像史料，特别对解读文献有着不可或缺的参考价值。清代叶梦珠的《阅世编》、徐珂的《清稗类钞》等则对官方文献提供了史料补充。《清稗类钞》是从清代顺治至宣统时期关于掌故逸闻的汇编，以类而分析，其中服饰类是对各个阶层、时期、民族、地域的民俗风情的记载，可以弥补正史的不足。特别是对清代服饰风俗文化的研究，就本课题而言，它是官方文献所不能及的。也可从《大清十朝圣训》等政治性记载中，分析统治者、民间对于服饰转向亦得亦失的社会表现与风尚。包括明清、民初时期小说绘本、画作、尚处于启蒙阶段的摄影照片等，也是不可多得的图像史料。重要的是，要强调典籍、官方文献与民间文献、图像史料和实物之间的相互印证，比较研究方法的运用（见后文）。

在丰富深厚的古籍文献支持下，当代对于清代服饰文化的研究成果层出不穷，而晚清满族女子服饰通常被包含在各类型的成果之中，客观上并未有更加细致深化的研究，有关服饰结构方面的成果更是寥若晨星。目前包括清代服饰的通史类专著，沈从文、周锡保、黄能馥等学者均对中国历代服饰作过深入的研究。沈从文的《中国古代服饰研究》可以说是中国古代服装史研究的开端，为后世研究提供了范本，以史实为基础进行考据、分析，是目前最具权威性的服装史论专著。周锡保的《中国古代服装史》是通史类较为完整的一本专著，自项目成立始，即1956年便开始了调研工作，从服饰的形成、演变、定制到民族融合、传承，证引了大量的文献、考古发掘及遗存，系统地勾勒出我国自上古至明清、近代服饰的形成、演变、特色以及前后的递嬗、传承，每章皆证引大量文献、考古发掘及地面遗存，将我国自原始社会至近代的男女官定服饰与日常服饰以图文并茂的形式系统呈现。值得注意的是，研究者以服务我国古代戏剧创作为目标系统的梳理，从原始社会至中华人民共和国成立的服饰，以"五次服饰变革"为线索，论述简洁清晰，其中明朝和清朝服饰有比较全面的整理，这或许与我们已定型的古典戏装行头以明清为范本有关。

关于晚清女子服饰的研究，多以民俗文化方面展开。民族方面如徐海燕的《满族服饰》、曾慧的《东北服饰文化》和《满族服饰文化研究》等，它们多以民族的纵向历史阐述。对于民族融合的礼制特征、服章制度、官定服饰、民间服饰等都有记述，并对清之前的历史、之后的发展均有阐释。文化方面如竺小恩的《中国服饰变革史论》，其中特别强调了清代的第五次服饰变革，以政治局势和服制政策颁布的时间顺序阐述了第五次清朝服饰变革过程，包括清早期服饰变革的满汉博弈，中期至晚期满汉的相互借鉴到合流，表现为满族服饰制度上的梳理大于实证。清代是距离当代最近的朝代，遗留了大量的服饰实物。晚清遗物甚多，分别被博物馆、私人藏家妥善保管，也分别出版以版图呈现为主的清代服饰实物信息的书籍，如严勇、房宏俊、殷安妮主编的《清宫服饰图典》和《清宫后妃氅衣图典》，收录了故宫博物院典藏的清宫帝后礼服、吉服、常服、行服、戎服、便服和饰物等，并提供了基本的数据、形制、纹样和工艺手法的信息，其中氅衣数量最多，为晚清满族贵戚女子便服研究提供了权威的实物资料。收藏家王金华的《中国传统服饰·清代服装》，是对个人多年来清代满汉服饰藏品的系统展示，并多有年代、形制、纹样、工艺等信息的记录。收藏家李雨来的《明清织物》《明清绣品》将收藏的明清服饰展示出来，从面料、工艺、纹样等专题结合实物进行介绍。像此类以藏品展示为主的物质文化呈现，为研究清代服饰提供了真实完整的文物信息，使研究可以建立在文物的基础上，少了更多的想象空间，以此结合标本的深入研究可建立实物的系统信息和形态规律，成为其实物文献整理不可或缺的实物图像资料。

各种研究成果无论从政治、经济、民俗文化还是实物呈现，都可以确信晚清满族女子服饰是在与汉族服饰的相互融合中形成的，最具标志性的就是窄身马蹄袖和宽袍大袖的此消彼长或共治相生。然而这一结论，还需要更细致的标本考据去支撑，特别是结构规制的研究成果。在清代服饰结构研究方面，《古典华服结构研究——清末民初典型袍服结构考据》一书运用文献与标本相结合的方法，对我国重要时期的晚清古典服饰，作文献和考古报告的梳理分析，对清末民初袍服的典型标本进行了信息采集和结构图复原等基础性工作，探索了清末民初满汉民族全新的考献和考物结合的研究方法而取得学术突破。同样《清代古典袍服结构与纹章规制研究》一书，对清官袍的结构及其纹章的经营位置进行了研究，作了标本的系统测绘和结构图复原，并后续工艺记录以及面料幅宽的实验成果，为本课题满族贵胄服饰研究提供了经验和借鉴。《基于标本的清末"错襟"服饰结构研究》论文，对晚清满族女子服饰以工艺为线索作系统梳理，通过对袍服的测绘、结构图复原以及大襟工艺流程的详细记录，其中的重要发现是，"错襟"可谓满汉文化融合的经典范式，此满族服饰的专题研究所探究的以物证史和以史证文的实证理论也为本课题研究提供了范本。

三、文献与标本相结合的比较研究方法

　　清朝作为少数民族政权，为了汉、满、蒙古族及周边多民族的治理，本族的奴隶制度已远远落后，因此将封建专制制度逐渐推入正轨。在清早期民族之间的矛盾与冲突中，颁布了视本民族为优越民族的衣冠制度。在经历从繁荣到衰败，再到晚清与民国时代更迭的过程中，民族融合成为主流。也有学者对清朝诸事记载成册，距今仅有百余年的历史，许多文字、图像文献均被完整地保留了下来，为后世在此基础上孜孜不倦的探究提供了考证资料。尽管如此，"满汉融合"仍有史无据。目前我们所能看到课题相关的研究大多都是对于历史脉络、政治局势和流行趋势所影响的形制、服色、纹样等的描述，对于实物的结构解剖与背后的制度文化研究远远不足，需要思考的是，学界通常是把结构（匠作）和制度（形制）剥离，因此满汉服饰融合的谜题始终难觅实证。这可能是由于目前服饰文物已被各个博物馆、文化机构和私人收藏对其进行妥善保护以避免过度损耗，为了延续传统文化，相继以展览、书籍的方式展示，只能看到其外观的形制而无法近距离采集信息，更不能对其工艺做更细致的研究。因此国内对于古代服饰的研究基本停滞在非接触性上，造成有关结构的研究成果甚少，无法形成系统的中华服饰结构谱系。而国外对于本国古典服饰的学术态度相对开放，由于西方服装立体结构需要数据和公式的总结，且如今国际主流服装基本延续着立体结构系统，因此有相关的结构文献在史书上被系统地记录下来，有迹可循。而中国古典服饰平面结构的特性，以及口传心授继承的艺匠传统，《皇朝礼器图式》中仅可见宫廷制衣绘本，没有记录成册的口诀或工艺图记。由于平面性的原因，量裁便可以根据布幅制度和个人条件、风尚制成，裁缝纯属是"为他人作嫁衣裳"的社会角色。

　　此次课题研究，有幸得到王金华和王小潇先生的清代服饰藏品支持，特别是晚清满汉女子便服完整的标本系统，使深入的比较方法研究成为可能。清代女子服饰满汉并行，从文献和后人的研究成果均可证实，除了穿着方式的不同，晚清的满、汉女子服饰风格和特征趋同，从形制和结构上作深入的比较研究方可辨识这种融合的深刻性。因此，研究晚清满族女子服饰结构和形制，不能以单一民族为研究对象，而需要运用文献与实物相结合的比较研究方法，例如汉族人多地广，是影响清代满服改变的主要因素，其内核便是儒家文化传统，必然要对其深掘。以比较学的研究方法，对晚清满汉女子服饰进行信息采集和结构图复原，结合文献对服饰整体和袖制、襟制等关键局部作实据总结，虽不能以点概全，也为中华民族服饰结构谱系的构建增添重要实证。因此，标本成为本课题研究的关键。

四、晚清服饰标本的研究路径

基于研究清代服饰文化的共同目的，北京收藏家王金华和王小潇先生提供了晚清满汉女子服饰的系统标本，为开展"满族服饰结构与形制研究"得到了实物保证。在工作过程中，依据博物馆样本研究的规范，对此次服饰标本研究制定了一套缜密严谨的信息采集工作流程，以现代手段的记录、测绘方式所得信息以极大可能接近古人制衣的匠作真实，这本身就不乏学术发现和文献建设的探索。

1.科学利用社会收藏的标本资源

整个标本信息采集工作经历一年半时间，其中王金华提供标本共27件，包括满族大拉翅3顶、女袍16件，汉族女袄和褂6件，蒙古袍服2件。王小潇提供标本共11件，包括满族大拉翅1顶、满族女袍3件，汉族女袄4件，马面裙3件。由于标本体量大，根据本课题要求，整理成以满族为特色的便服标本系统，进行具有针对性的信息采集、结构图复原和细节信息的提取，得到重要的实物一手材料成为本研究的基础（表1-2）。

表1-2　王金华、王小潇藏晚清代表性满汉女服标本

编号	名称	类型
1	红色缎绣缠枝葫芦花蝶纹吉服袍	满族吉服袍
2	红色缂丝牡丹瓜瓞绵绵纹氅衣	满族氅衣
3	草绿色暗花绸团龙纹氅衣	满族氅衣
4	紫色缎绣灵芝团寿纹衬衣	满族衬衣
5	藕荷色纱织仙鹤花卉暗团纹衬衣	满族衬衣
6	紫色漳缎富贵牡丹纹衬衣	满族衬衣
7	蓝色缎绣郭子仪祝寿人物花卉团纹褂	汉族女褂
8	天蓝色缎绣瓜瓞绵绵纹袄	汉族女袄
9	石青色缎绣蝶恋花袄	汉族女袄

由于标本具有百年历史，成为准文物，在接触性研究中，其珍贵性和历经年代的脆弱性是必须要考虑的，尤其是缂丝、纱织类的高等级标本，更容易在光照或触摸中产生潜在的损坏，因此在信息采集过程中，要保证在谨慎和一次性前提下测量准确，并通过专业性分工合作方式完成。为保护标本，除必须的文物研究保护手段，在信息采集过程中尽量减少对标本的移动，不采用任何拆解或破坏性方式，也因此部分已缝合的部位无法获取数据，例如缝边等，靠手触摸估测数值。由于缝边本身在1cm左右浮动且不影响主体结构，误差可忽略不计。整体工作流程大致分为三个部分，表面（包括形制、纹饰、织物等全方位图像）信息采集、结构数据采集和结构图复原。

2. 标本的信息采集与结构复原工作流程

第一阶段是对标本表面的信息采集，包括对标本表面信息的初步研讨和高清外观图的拍摄。分别拍摄标本正背面、局部、纹样、衬里等，以1:10倍数放大的拍摄获取织物细节，通过后期进行数字化处理并存档（图1-2、图1-3）。第二阶段是对服饰结构的信息采集和测绘。由于纺织文物不能长时间日光照射，首先对高清图像进行外观结构的描摹，现场测绘时要对比实物补正细节，这种方式可减少标本的使用时间。需要测量服饰的正背面、衬里等结构信息，横向尺寸包括通袖长，以中心点为坐标的接袖横宽、领宽、胸宽、下摆宽等。纵向尺寸包括衣长、前后领深、袖宽、腋下裉点高、摆角高等。在此基础上，对表面的饰边、里料的内贴边，可见的缝边等进行全要素地毯式的测量，这样获取标本的一手资料更有价值。而这种地毯式结构测量与肉眼直接判断的区别在于，古代服装虽左右对称，但数据的微小差距可能会有重要发现。例如衣服摆角上抬是由于解决肩斜导致下摆不齐的问题，而两边高度的不同，可以从穿着者体态、制作者裁剪不均、面料变形等方面考虑，诸如此类问题都会反映在数据中（图1-4）。第三阶段，是将数据测绘的结构图复原和纹样数字化的过程，以十字型平面结构为基础，数据结合现代制图技术形成数据文献长久保存。该过程利用ILLUSTRATOR、PHOTOSHOP，CAD等制图软件，根据标本完成主结构图、饰边图、里料主结构图、内贴边图、净样和毛样图、面料排版图、纹样绘制等，为开展文献考证提供实物证据和线索（图1-5、图1-6）。

标本初步研讨 　　　　　　　　　　　　　　　标本外观拍摄

图1-2　标本表面信息采集

标本正、背面数字图存档 　　　　　　　　　　标本局部细节

图1-3　标本整体与局部拍摄

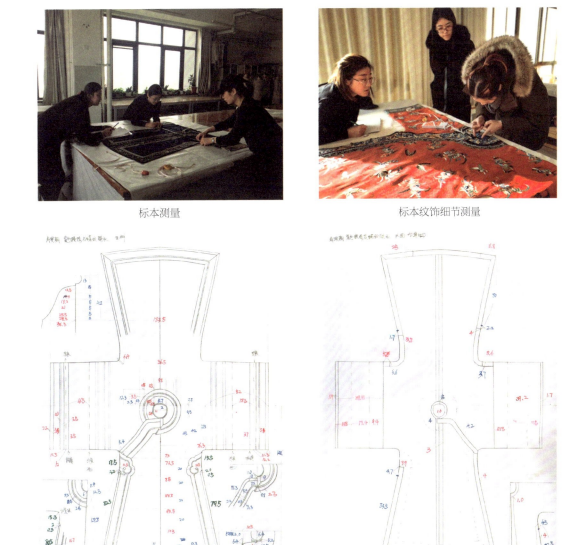

标本测量　　　　　　　　　　　　　　标本纹饰细节测量

标本结构测绘图　　　　　　　　　　　标本衬里结构测绘图

图1-4　标本结构信息采集

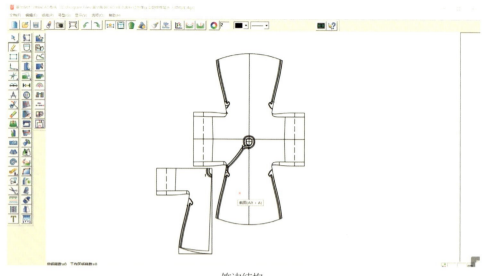
饰边结构

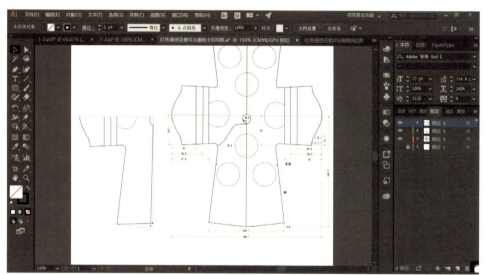
主结构

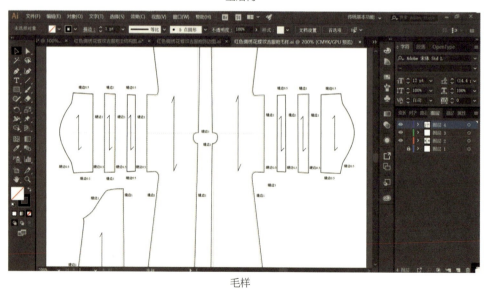
毛样

图1-5 标本结构的数字化处理

图1-6　标本形制和纹样的数字化处理

3. 利用标本成果的文献研究

晚清满汉女子服饰的同形同构结论，是在研究满族女子服饰结构的同时，对汉族服饰相关文献和标本的比较研究中得到的。它们之间彼此的联系是通过实证找寻晚清满族女子服饰易制的线索，并通过文献梳理与实物考据、归纳和比较的方法做深入研究，发现这种同形同构的真实性、可靠性和生动性。

考虑到以标本为先的研究路径，基于标本线索对文献进行研读和梳理，不仅对了解清代服饰的品类和形成背景更加精准，而且结合对标本形制、结构等数据进行分析，使文献中的记载变得立体而丰富，这样就不会将文献中固有的信息带入实际的考察中去，而造成刻意的"伪证"，如制度文献的"等级严格"，而实物却表现出明显的"人情味"。值得研究的是，在对标本的信息采集和结构复原中，襟制和袖制作为实物造型的关键部位确有重要发现，但无献可考，因此襟制和袖制成为本课题中的重要研究部分。在满、汉标本的比较中，看似相同但结构形制和数据仍能寻出审美趣味上的差异。再次回归文献，晚清作为整个清史的一部分与前史联系而存在传承的历史印记，清早期满汉服饰之间的差异显著与晚清同形同构的局面形成既有联系又有鲜明个性。这种表现在细枝末节，且具有明显时代特征的物相，对历史文献的追溯难觅其踪，只有在对实物进行深入研究中追索文献才能发生，且通常会有学术发现。

第二章

晚清满族女子

服饰标本研究

与袖制

清代满族女子服饰袖制，在晚清呈现出近乎汉制的特征，由窄变宽也为缘饰的极致表现提供了条件和空间。从结构上看，礼服仍然承袭满族传统，袍服袖口在不打破外观轮廓的基础上有微小的加宽痕迹；吉服袍中既有中华传统的形制，又有宽大平直的满俗马蹄袖[1]。礼仪性服饰尚且如此，便服更是在没有礼制和马蹄袖的束缚下呈满退汉进的趋势，为袖口的娇饰提供了更大的发挥余地。收藏家王金华先生与王小潇先生提供了成系统的晚清女子服饰标本，通过对它们的信息采集、测绘和结构图复原，为晚清满族女子服饰的物质文化研究提供了宝贵的实物资料。

---

1 马蹄袖，在清朝礼服制度中为礼服标志，且不分男女，以示崇尚满人的骑射文化传统。马蹄袖不施便服，使其汉化的大袖制流行没有了束缚，特别在晚清满汉女服中同形同构成为可能。

一、红色缎绣缠枝葫芦花蝶纹吉服袍

1. 红色缎绣缠枝葫芦花蝶纹吉服袍形制特征

　　该标本由收藏家王金华先生提供，是宫廷后妃在重大吉庆节日穿着的袍服，根据其外部特征命名为红色缎绣缠枝葫芦花蝶纹吉服袍，属晚清藏品，保存完好。标本为单层无衬里，结构形制清晰可见。形制为圆领右衽大襟直身长袍，袖身宽大有接袖，袖缘镶有同宽的马蹄袖，整体呈现平直宽大的特征，为晚清的标志之一。标本下摆左右开裾，领口、大襟转弯处、腋下和开裾止点缀系扣襻五粒。袍服主体纹饰缠枝葫芦花蝶纹九团，下摆饰有海水江崖纹，领口从里到外分别镶饰牡丹纹片金缘和石青色缎绣缠枝葫芦花纹绣片，袖口缘饰同领缘。此吉服袍形制与文献中记载并不一致，袖身及马蹄袖呈现宽大平直的特征，像是便服宽袖与马蹄袖口轮廓线结合所成。这虽与满族传统袍服的窄形马蹄袖差异很大，但在晚清很常见。在已发表的故宫博物院编写的《清宫服饰图典》、王金华先生的《中国传统服饰·清代服装》和北京保利国际2014秋季拍卖会发布的藏品中，不乏此类型吉服袍，除了暂无断代结论的藏品，其余均属道光、光绪时期。由此可见，此标本为晚清形制特征无疑，但是都缺少结构信息的挖掘，这或许是标本研究最具价值的（图2-1）。

图2-1-1　红色缎绣缠枝葫芦花蝶纹吉服袍标本

（来源：王金华藏）

领缘与大襟缘细节

左下团纹

袖缘细节

海水江崖纹中部

图2-1-2 红色缎绣缠枝葫芦花蝶纹吉服袍细节

2. 红色缎绣缠枝葫芦花蝶纹吉服袍信息采集与结构图复原

对红色缎绣缠枝葫芦花蝶纹吉服袍的主结构、饰边进行全数据测绘、结构图复原。数字化整理是一项极其专业性的工作，不仅具有一手文献价值，通常带来一些新发现。标本置于十字型平面结构的骨架之中，通袖长186.7cm，领口横宽10.2cm，十字交点距离左、右接缝线分别是46.3cm、46cm，左右分别接宽8.7cm、8.5cm饰边，接7.5cm、7.8cm本料，接马蹄袖宽30.8cm、31cm，袖口纵宽39.3cm。衣身长140.7cm，领口深与宽相同，包括后领凹量1cm，衣身底摆有7.5cm翘量。这是由于十字型平面结构无肩斜，当放下手臂时肩斜以及面料本身的下垂导致下摆两侧产生余量的修正，因此上提两侧摆角可在穿着时造成视觉上的水平。由于不能采用破坏性标本研究，因此在测量主结构缝份时并不能面面俱到，按照缝制的基本要求推断，缝份衣身前中线自领口处为1cm，至下摆处为1.5cm,后中线自领口处为1cm，至下摆处为2cm，马蹄袖与绣片接袖缝份均为0.5cm，除此之外，其余缝份皆为1cm。如此完整的数据呈现需要通过标本主结构、饰边结构和贴边结构的系统测绘获得，加上缝份数据就可以完整地复原标本结构图（图2-2）。

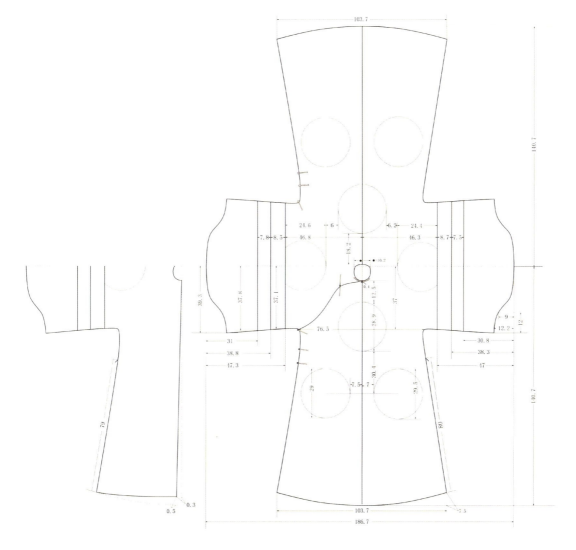

图2-2-1　红色缎绣缠枝葫芦花蝶纹吉服袍主结构
（注：结构图中数字的计量单位均为厘米，全书相同。）

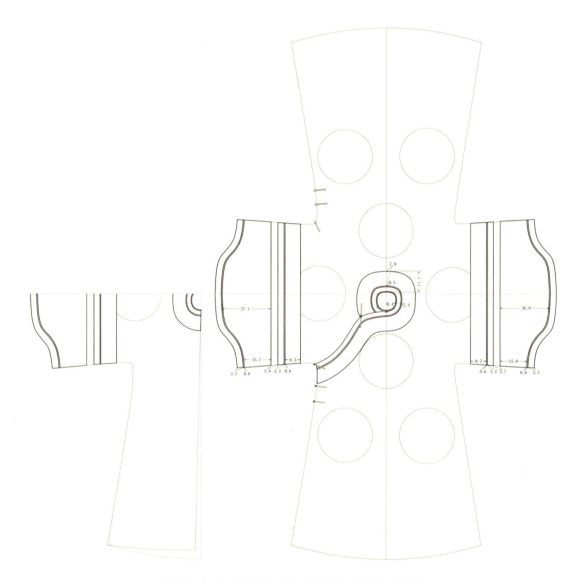

图2-2-2 红色缎绣缠枝葫芦花蝶纹吉服袍饰边结构

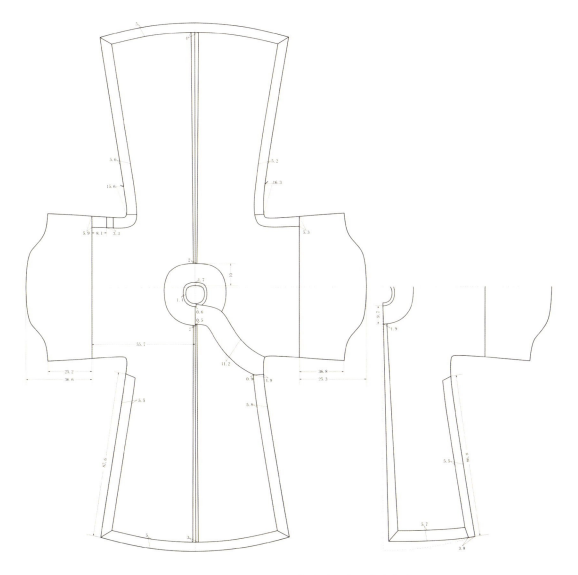

图2-2-3　红色缎绣缠枝葫芦花蝶纹吉服袍贴边结构

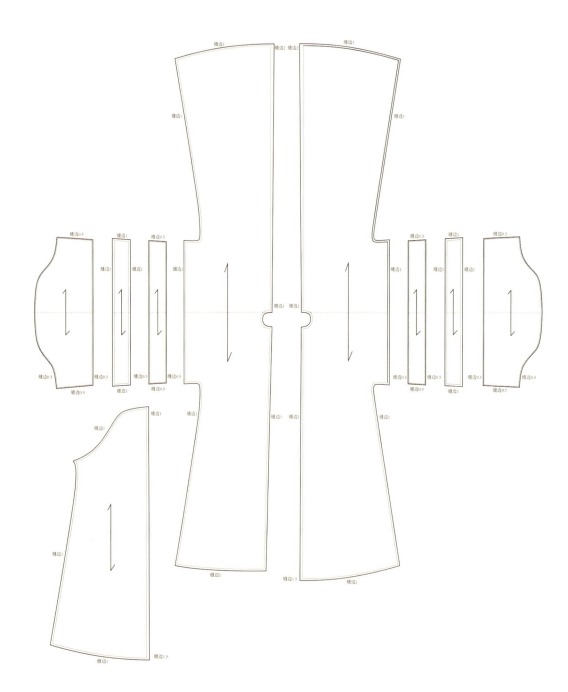

图2-2-4 红色缎绣缠枝葫芦花蝶纹吉服袍主结构毛样复原

3.红色缎绣缠枝葫芦花蝶纹吉服袍袖制分析

目前所收集的图像文献中，并无对此类型袖制的历史记载，更不可能有相关的结构数据信息，只能从中选取三个有代表性袍服样本，以形制结构形态判断作虚拟的结构解剖实验。《清宫服饰图典》收录乾隆时期的女吉服袍为窄形马蹄袖形制，袖中有a、b两条接袖线，袖身从腋下至袖口逐渐收窄，袖口接马蹄袖呈上翘式。根据实验结构图显示，b接袖线长于a接袖线导致袖口缘线c倾斜，马蹄袖接口随之倾斜并嵌于袖口而翘起。这里设计了被隐藏的功能，c线的倾斜度与窄袖底线的倾斜度息息相关。袖口缘线（c线）与袖底线保持直角时，才能保证马蹄袖下端与袖口结合时呈通直线状态（见图2-4首例），这样的结构处理使得马蹄袖无论挽起翻下袖内侧平贴于内掌，外侧翘起便于手掌活动且成为族属的徽帜，例如牵缰绳时手背与手臂形成的夹角视为圣祖骑射的"手势"（图2-3）。虽然标本吉服袍的马蹄袖与袖身之间的衔接夹角关系并不是绝对的形制，但由此启发我们思考马蹄袖在遮挡手背之外的功用，在设计制作上也有另外的考虑。这就是从窄袖到阔袖满俗汉化的民族融合的大趋势，那么如何保存满人的族属基因，马蹄袖这个符号不可或缺，但功用已名存实亡。

本次所得标本的吉服袍袖制就属此类，整个袖身和马蹄袖呈平直宽大的轮廓，更像是便服和礼服的结合体。通过文献和实物史料梳理发现，这种极具晚清特质的形制并不是孤例，也有在此基础上马蹄袖轻微翘起的。从结构上看，窄形马蹄袖和阔形马蹄袖在构造上没有差异，只是在传统吉服袍袖子的基础上加宽。其实这种袖制早在乾隆后期就出现了，到道光时期才定型。被满族视为礼仪之尊的马蹄袖在晚清被改制，有时局问题，但更重要的是满族服饰与汉族服饰的融合早已是事实，时局只是说明晚清成满退汉进之势，但民族融合是不会改变的。在王金华先生提供的另外一件吉服袍标本中，虽未作信息采集和结构图复原，但从袍服外观可以观察到，在原本已经加宽的结构基础上又在袖底增补了一块三角形长布条，使其更接近汉服宽袍大袖的风尚，如果把袖口马蹄形标签去掉满汉服饰就没有什么区别了。事实上，在吉服以外的便服已经实现了这种同形同构，我们暂且将此结构称为"增袖"，这无疑是晚清满俗汉制的铁证（图2-4、图2-5）。

图2-3 弘历骑马半身像图轴局部[1]

---

1 拍摄自首都博物馆展品。

 30　满族服饰研究：满族服饰结构与形制

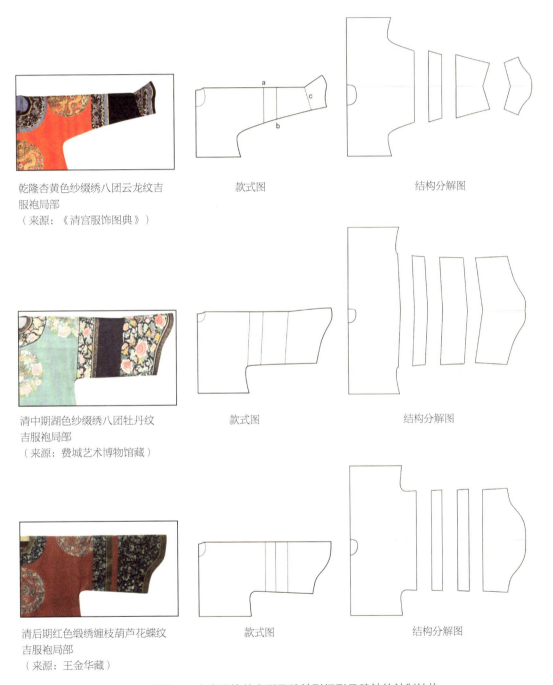

乾隆杏黄色纱缀绣八团云龙纹吉
服袍局部
（来源：《清宫服饰图典》）

款式图

结构分解图

清中期湖色纱缀绣八团牡丹纹
吉服袍局部
（来源：费城艺术博物馆藏）

款式图

结构分解图

清后期红色缎绣缠枝葫芦花蝶纹
吉服袍局部
（来源：王金华藏）

款式图

结构分解图

图2-4 女吉服袍从窄形马蹄袖到阔形马蹄袖的袖制结构

红色缂丝团龙纹吉服袍

红色缂丝团龙纹吉服袍局部

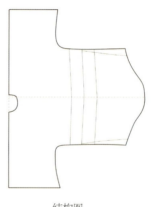

结构图

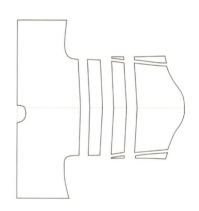

结构分解图

图2-5 "增袖"结构的吉服袍
（来源：王金华藏）

二、红色缂丝牡丹瓜瓞绵绵纹氅衣

1.红色缂丝牡丹瓜瓞绵绵纹氅衣形制特征

该标本由收藏家王金华先生提供，根据标本形制工艺和纹样特征命名为红色缂丝牡丹瓜瓞绵绵纹氅衣，是有明黄色衬里的夹袍，属晚清满族女子便服，保存完好。标本形制为圆领右衽大襟，两侧开衩的直身长袍。满族妇女衬衣与氅衣的区别是两侧无衩，其他形制基本相同。标本为舒袖，也可作挽袖穿，细致观察发现，腋下有后补的"增袖"以加大袖宽，这个信息值得关注。领口、大襟转弯处、腋下、开衩止点设鎏金铜扣襻五粒。袍服主体纹饰为牡丹、瓜瓞绵绵纹，领口由里到外镶饰石青色绲边、石青色缎绣牡丹瓜瓞绵绵纹绣片和金丝织带，袖内缘及两侧开衩的如意纹饰与领缘相同，纹饰寓意富贵、子孙绵绵的汉族传统。整件服饰颜色鲜艳，采用缂丝工艺。缂丝是汉族女红中一种传统而精湛的丝织技术，织造需要极其细致而复杂的工艺，耗时耗工但纹饰逼真生动。在民间满族缂丝工艺的传世精品极少，标本又有明黄色衬里，因此非富即贵（图2-6）。

2.红色缂丝牡丹瓜瓞绵绵纹氅衣信息采集与结构图复原

对红色缂丝牡丹瓜瓞绵绵纹氅衣的主结构、饰边、衬里进行全数据测量、绘制和结构图复原。同样将标本置于十字型平面结构骨架之中测量，通袖长190.2cm，十字交点距离左、右接缝线分别是61cm、61.8cm，袖口宽44.2cm、45cm，袖口距离折痕为16.8cm、16.7cm，两袖腋下分别拼接了两条宽约6cm至7cm的增袖。衣身长142.3cm，领口深10cm，后领凹量0.5cm，衣身底摆有11.1cm翘量，里襟衣长短于前中4.7cm，是为了防止里襟露于大襟外。由于标本有衬里无法测得缝份数据，通过触摸实验和标本其他信息估算缝份约为衣身前后中1cm，领圈0.5cm，接袖缝1cm，石青色绣片0.3cm，衬里均为0.6cm，依此数据可以完成标本的主结构、饰边结构、衬里结构、贴边结构和毛样的复原（图2-7）。

图2-6-1 红色缂丝牡丹瓜瓞绵绵纹氅衣标本
（来源：王金华藏）

领缘与大襟缘细节

袖缘细节

氅衣后背牡丹瓜瓞绵绵纹细节

大襟与侧开衩缘饰细节

图2-6-2　红色缂丝牡丹瓜瓞绵绵纹氅衣细节

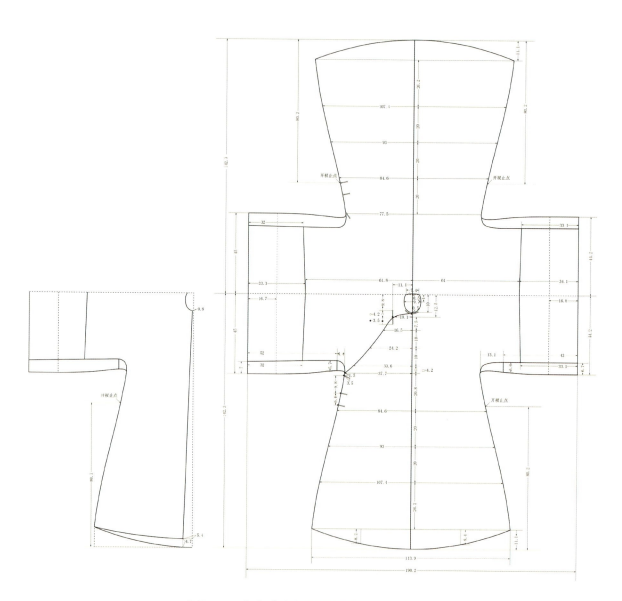

图2-7-1 红色缂丝牡丹瓜瓞绵绵纹氅衣主结构

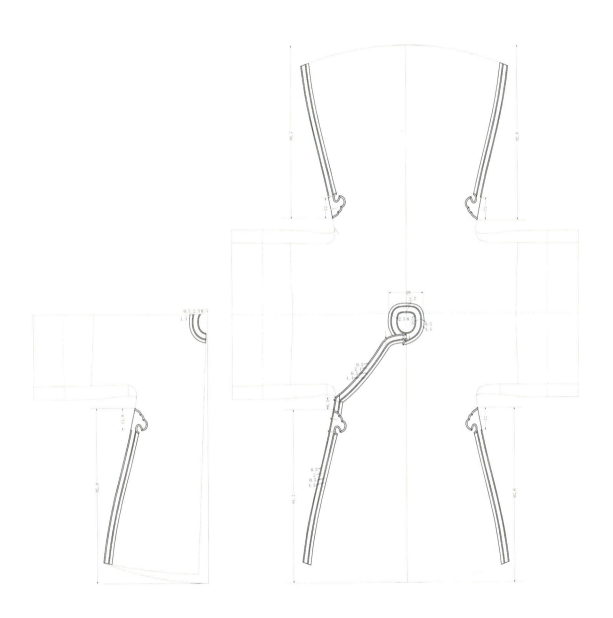

图2-7-2 红色缂丝牡丹瓜瓞绵绵纹氅衣饰边结构

第二章 晚清满族女子服饰标本研究与袖制 37

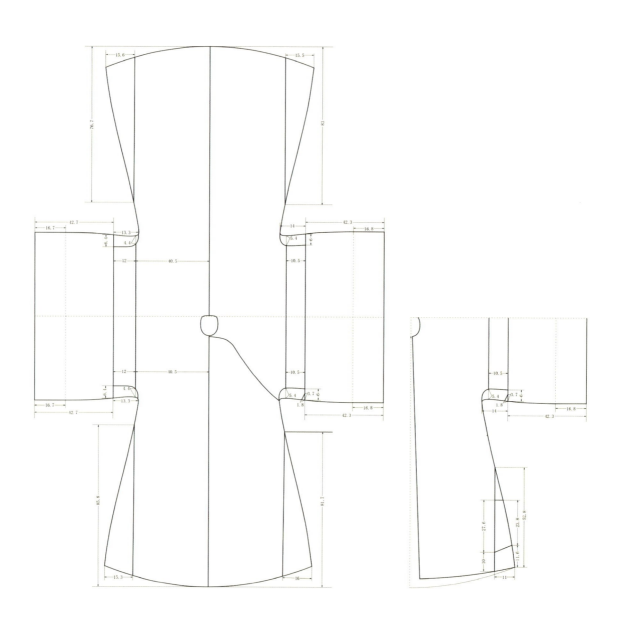

图2-7-3 红色缂丝牡丹瓜瓞绵绵纹氅衣衬里结构

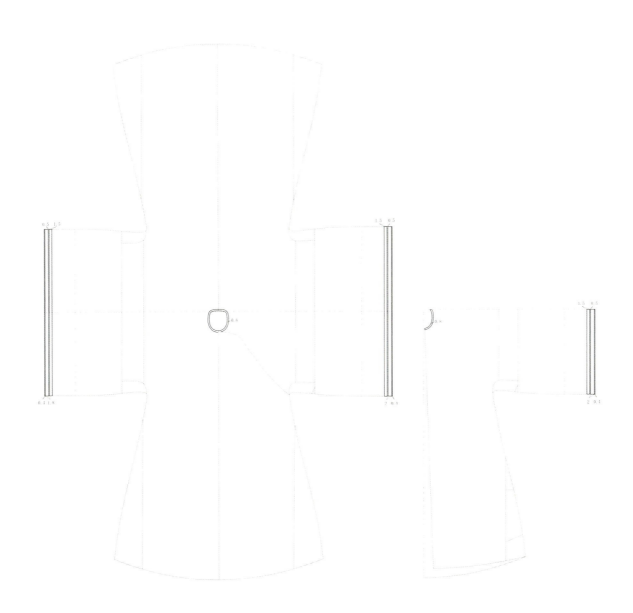

图2-7-4 红色缂丝牡丹瓜瓞绵绵纹氅衣贴边结构

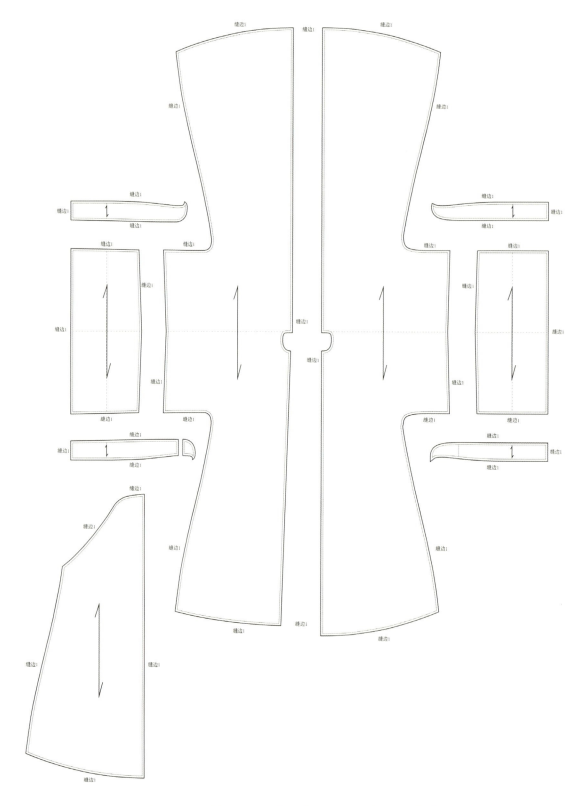

图2-7-5 红色缂丝牡丹瓜瓞绵绵纹氅衣主结构毛样复原

3. 红色缂丝牡丹瓜瓞绵绵纹氅衣袖制分析

此标本袖子既可作展开蓝色袖缘的舒袖，也可作挽袖穿着，因为蓝色袖缘是跨袖口内外缝制的，标本存在的折痕就是这种穿法的印迹，因此挽袖是满族妇女便服的一个重要特征，也就有了晚清专属的袖缘饰边名称"挽袖"。氅衣的袖身造型平直宽大，显然受汉俗的影响。值得注意的是，袖口到腋下又拼接出宽约7cm的布条，可见实物原本袖宽38cm，加宽至45cm。袖口内有宽约43cm的蓝色暗花绸，无增袖拼接痕迹，与内侧衬里连接，可判断蓝色袖缘面料是后来为了配合袖子增宽而另行配装的，作挽袖穿着时露出精致的袖缘饰边，可谓女德修养。从袍服面料来看，前袖下增宽面料被截成两段，拼接得并不讲究，纹样也被裁成一半，试将增袖纹样和下摆比对，纹样刚好吻合。在前后的增袖中间，有一道横向并向外突出的压痕，由此可判断，这是后期为了加宽袖式，增袖的面料应该是从底摆裁剪下来的，压痕正是下摆内扣的贴边。虽不能绝对判断是出于减短衣长的考虑，但依腋下袖底结构补裁的行为，无疑验证了两个信息：一是晚清满族女子袍服袖制向汉服靠拢的趋势，即袖式加宽、衣长减短是其重要特征；二是基于节俭的改制，这个实物案例说明，即便是贵族也不例外，因为"俭"是中华传统的普世美德。这是标本中又一以"增袖"方式践行满俗汉制的民族融合的力证（图2-8、图2-9）。

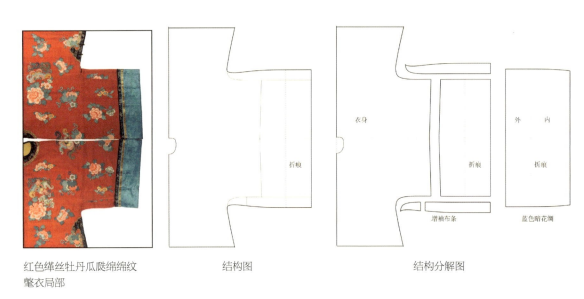

红色缂丝牡丹瓜瓞绵绵纹   结构图   结构分解图
氅衣局部

图2-8 红色缂丝牡丹瓜瓞绵绵纹氅衣"增袖"结构

图2-9 红色缂丝牡丹瓜瓞绵绵纹氅衣腋下增袖取自下摆的情况

三、藕荷色纱织仙鹤花卉暗团纹衬衣

1. 藕荷色纱织仙鹤花卉暗团纹衬衣形制特征

该标本由收藏家王金华先生提供，根据其外部形制特征命名为藕荷色纱织仙鹤花卉暗团纹衬衣。衬衣与氅衣的区别是无侧开衩。标本属晚清满族女子便服，因纱质地面料不易保存稍有磨损，颜色失真。形制为圆领右衽大襟直身长袍，收口形的挽袖，满俗特征明显。领口、大襟转弯处至腋下设扣襻五粒。袍服主体纹饰为满铺仙鹤花卉暗团纹，颜色淡雅，领、襟、摆和袖缘镶饰石青色绲边、石青色纱织蝶恋花饰边、石青色素缎边和白色地梅花纹织带。衬衣标本为单层无衬里，只在袖内拼有白色纱织蝶恋花纹挽袖里布，在挽袖翻折后可见，袖身舒展后，结构因收口明显腋下呈"Z"字形（见图2-11），可见挽袖在晚清作为一种确定的女服制式，被刻意运用在各种便服中。值得注意的是，深入研究发现，它走了一条借汉俗丰富满式的发展路线（图2-10）。

2. 藕荷色纱织仙鹤花卉暗团纹衬衣信息采集与结构图复原

对藕荷色纱织仙鹤花卉暗团纹衬衣的主结构（无衬里）和饰边进行全数据测量、绘制和结构图复原。以十字型平面结构为骨架进行数据采集，通袖长202.8cm，十字交点距离接缝线76.5cm。挽袖宽约25cm，袖口宽27.2cm，袖口距离第一道折叠线16.9cm，距离第二道折叠线40.3cm。衣身长136cm，领口深10.7cm，后领凹量1cm，衣身底摆有6.7cm翘量，里襟衣长短于前中6cm。标本无衬里缝边显露，衣身前后中缝份0.4cm，领口内贴边1.4cm，后衣片腋下内贴边5.5cm，缝份1cm。袖内侧与挽袖饰边连接有宽约18.7cm的白色纱织花蝶织物，成为第一次挽袖翻折时露出的部分，缝份0.5cm（图2-11）。

图2-10-1　藕荷色纱织仙鹤花卉暗团纹衬衣标本
（来源：王金华藏）

 　满族服饰研究：满族服饰结构与形制

领缘与大襟缘细节

团纹细节

袖缘细节

大襟与侧开衩缘饰细节

图2-10-2　藕荷色纱织仙鹤花卉暗团纹衬衣细节

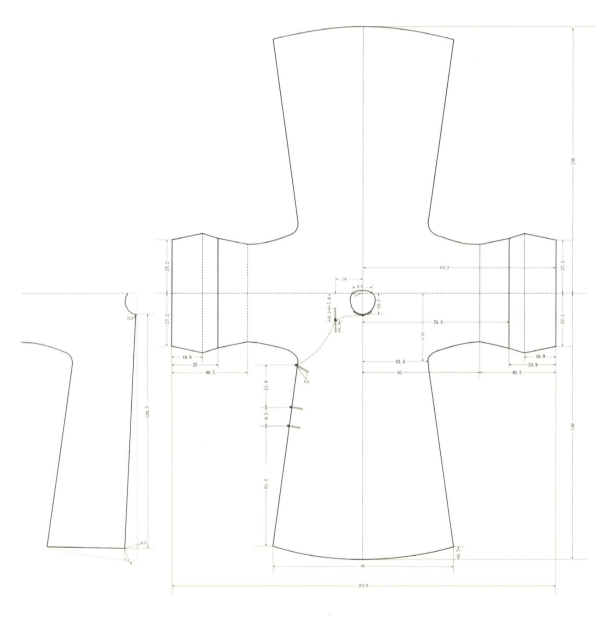

图2-11-1 藕荷色纱织仙鹤花卉暗团纹衬衣主结构

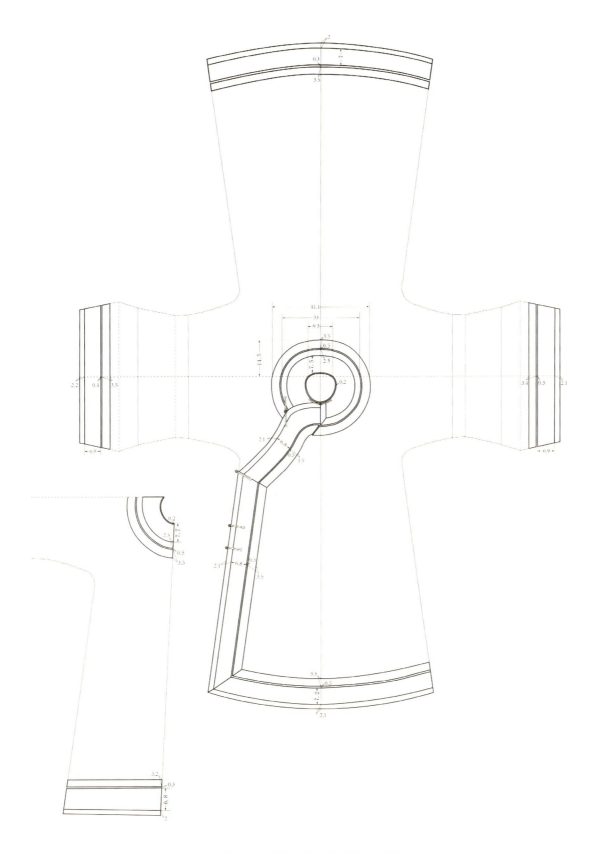

图2-11-2 藕荷色纱织仙鹤花卉暗团纹衬衣饰边结构

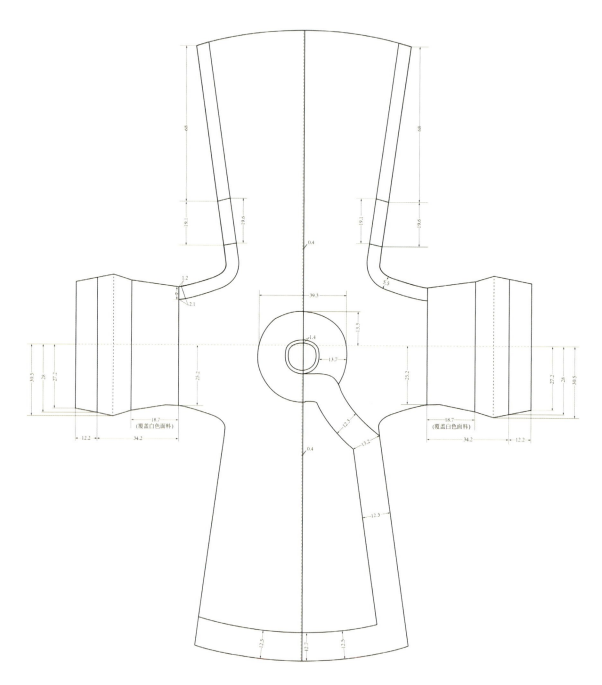

图2-11-3 藕荷色纱织仙鹤花卉暗团纹衬衣贴边结构

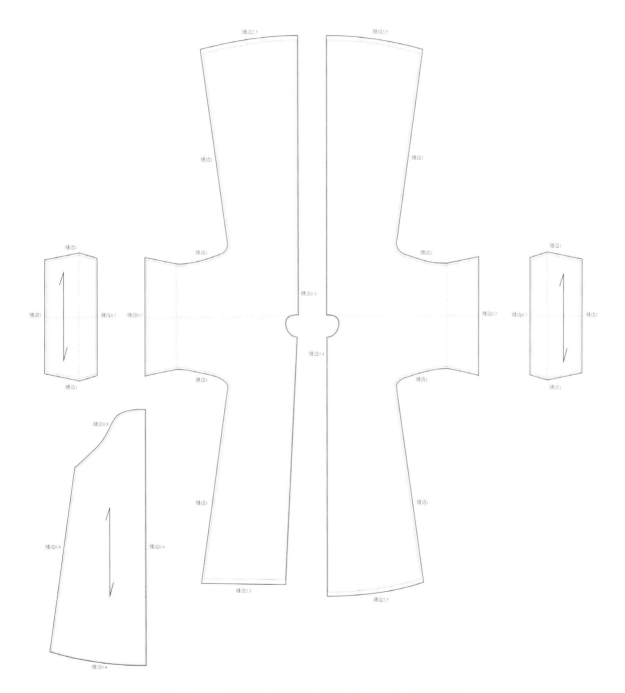

图2-11-4 藕荷色纱织仙鹤花卉暗团纹衬衣主结构毛样复原

3.藕荷色纱织仙鹤花卉暗团纹衬衣袖制分析

满族女子便服的袖制在晚清时期演绎丰富，由汉族妇女单层挽袖发展成多次挽折、饰边多层搭叠、袖形有平直、收口，也有倒大型挽袖形制。该标本的袖式为折叠两次的收口形挽袖，在满足收口形状的前提下，使挽起的时候能合理地容纳，当舒展后袖线呈"Z"字形结构。衣身面料根据幅宽使用两幅加挽袖部分。内里在挽起外露的地方缝缀白色纱织蝶恋花面料，其上搭叠饰边，当袖子挽好后呈多层叠压的挽袖风格。可见，挽袖在晚清的满族妇女便服中已经成为刻意的设计，从最初简单的挽起到在袖内大做文章，更有甚者还会在袖里接上精心装饰的小袖，挽起时露出，视觉上像是穿了内外两件衣服。这种把汉俗发扬光大成满人风格的认识，倒不如说是汉俗被满化的结果。晚清在政治上失去了把控力，向内追逐将工艺技术发展到极致，向外呈现出娇饰的装饰风格，正是这种民族融合生动的实证。晚清满族妇女这种挽袖所表现出强烈的风尚或是民族涵化的经典范式（图2-12）。

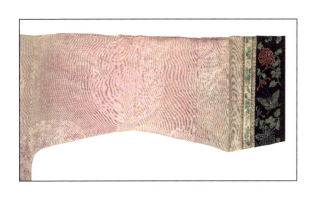

藕荷色纱织仙鹤花卉暗团纹衬衣局部

挽袖展开局部

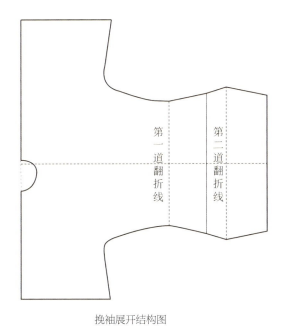

第一道翻折线 第二道翻折线

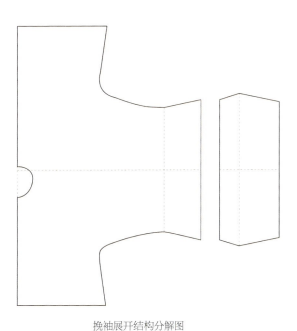

挽袖展开结构图

挽袖展开结构分解图

图2-12　藕荷色纱织仙鹤花卉暗团纹衬衣袖制两次挽袖结构

四、紫色缎绣灵芝团寿纹衬衣

1. 紫色缎绣灵芝团寿纹衬衣形制特征

该标本由收藏家王小潇先生提供，根据外部形制特征，为紫色缎绣灵芝团寿纹衬衣。衬衣一般着于氅衣内，也可单穿，属晚清女子便服，满汉共治可谓汉人满化，是因为改变了"上襦下裙"的汉制。标本保存完好，形制为圆领右衽大襟直身长袍，衣身前后有类似腰省的结构，但这在当时不可能出现，有可能是后人收藏自改。领口、大襟转弯处至腋下有扣襻五粒。袍服主体纹饰为灵芝纹和团寿纹，领口、大襟、下摆和袖口缘边镶饰石青绲边、万寿纹片金、石青色缎绣灵芝团寿纹饰绣片和白色蝴蝶纹织带。衬衣看似挽袖，其实是舒袖形制的假挽，是将绣片、饰边拼接出挽袖的效果。这种做法不仅节省了面料，而且穿着更加方便又不落伍。可见繁复的挽袖的确被作为贵胄标签流行在满清后妃中，上行下效自然影响到民间，然而从色调到道地的吉祥纹样却充满着汉俗传统而更容易被汉人接受（图2-13）。

2. 紫色缎绣灵芝团寿纹衬衣信息采集与结构图复原

对紫色缎绣灵芝团寿纹衬衣的主结构、饰边、衬里进行全数据测量、绘制和结构图复原。结构信息，通袖长约132.2cm，由于袖子表面的挽袖是饰边拼接的假挽，在表面假挽饰边的遮盖下看不到真实的接袖线，袖口宽29.3cm。衣身长133.8cm，领口深9.3cm，后领凹量1.5cm，衣身底摆有8.9cm翘量，里襟衣长短于前中3.5cm，避免露于大襟外。衣片前、后、里襟的侧缝在腰部有收缝（省）现象，这或许是清末民初受西风东渐影响，旗袍改良曙光显现的证据，配合标本腰褶（省）去理解，它们同时出现并非偶然，说明满人开放意识要高于汉人，甚至没有根深蒂固的束缚。标本领口、衣襟和衣摆缘边缀叠规整从里到外分别是0.5cm、2.6cm、8.8cm、3.6cm。袖口缘边左右误差不超过0.3cm，在合理范围之内，尺寸从里到外分别是2cm、2.8cm、5.7cm、2.2cm，外缘接袖11.3cm。衬里结构数据采集显示衣身为左右两幅，下摆不足用补角摆另取，这与主结构两幅裁幅宽相近，是基于布幅经营结构的十字型平面结构中华系统（图2-14）。

图2-13-1 紫色缎绣灵芝团寿纹衬衣标本
（来源：王小潇藏）

领缘与大襟缘细节

前幅纹样细节

袖缘细节

前幅右侧下摆缘饰细节

图2-13-2　紫色缎绣灵芝团寿纹衬衣细节

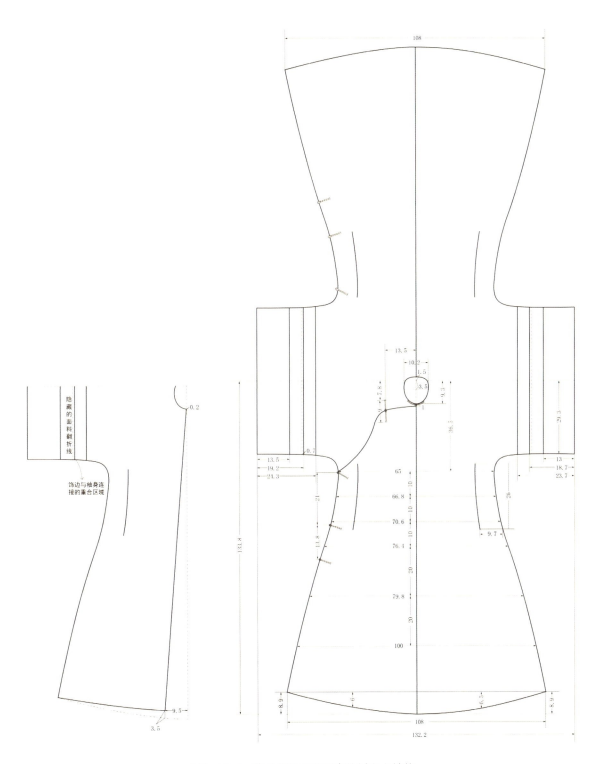

图2-14-1 紫色缎绣灵芝团寿纹衬衣主结构

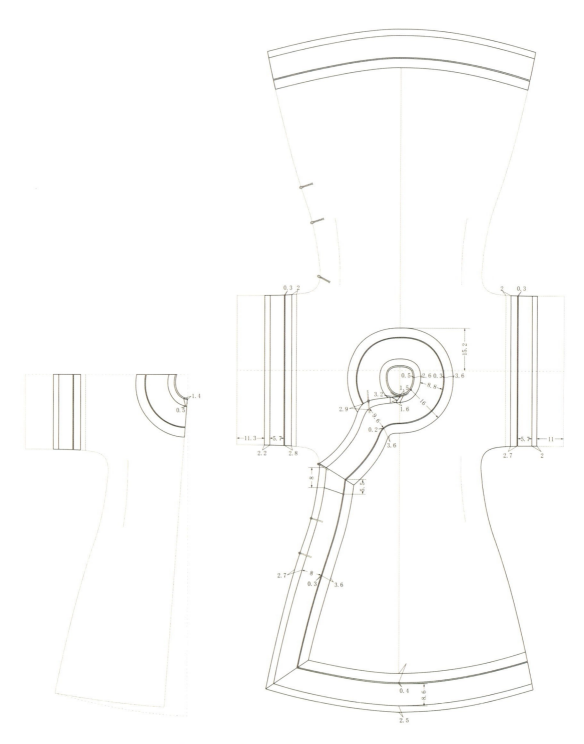

图2-14-2 紫色缎绣灵芝团寿纹衬衣饰边结构

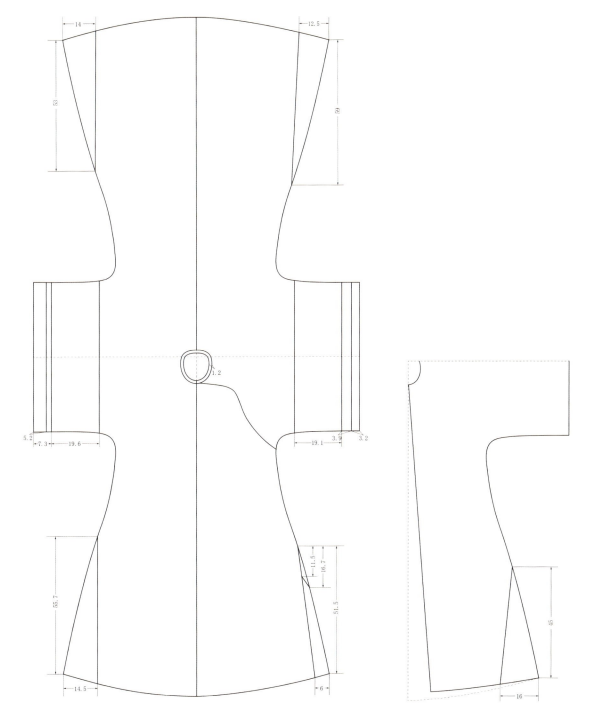

图2-14-3 紫色缎绣灵芝团寿纹衬衣衬里结构

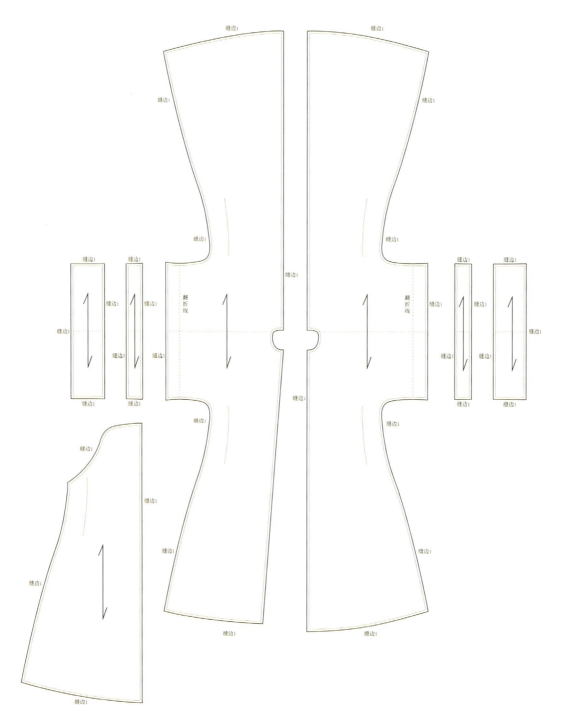

图2-14-4 紫色缎绣灵芝团寿纹衬衣主结构毛样复原

3.紫色缎绣灵芝团寿纹衬衣袖制分析

紫色缎绣灵芝团寿纹衬衣的袖制看似挽袖，实则是通过接袖和缀叠缘边仿制视觉效果的挽袖，因此，它与前述标本的挽袖结构都不相同。这一方面说明挽袖在晚清时期极其流行，已经成为一种定制；另一方面，基于挽袖的多样性，并没有固定的结构和工艺，特别在满族服饰中更具开放性。由图可见，该标本A片为衣身的面料主结构，外接部分B片宽5.8cm，即黑色缎绣灵芝团寿纹绣片，C片横宽3.7cm，D白色缎绣蝶纹绣片宽11cm，与内接部分D'片（宽5.2cm）相连，内与E片（宽2.1cm）相接，G和F为衬里的衣身和接袖部分。这种假挽的制作完全仿制了挽袖的外形，但从结构来看，不需要完成袖身和挽袖的真实结构和工艺，节省了人力和面料，而且固定好的假挽使穿着更加方便。可见"挽袖"更像满人的传统，或汉俗满化（图2-15）。

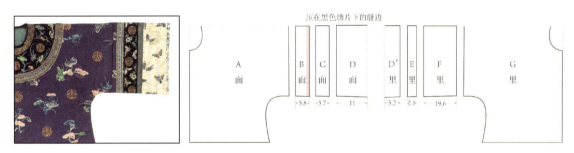

图2-15　紫色缎绣灵芝团寿纹衬衣的"假挽"结构

五、本章小结

　　满族女子袍服袖制在晚清呈现出宽大、繁复、工艺精湛的风格特征。据实物文献中的信息梳理，在礼制的吉服袍中，袖口逐渐加宽，道光至光绪时期还出现了平直宽大的马蹄袖，放大了这种特征，摒弃了传统满族袖制游牧的传统，更像是便服袖制与马蹄袖外缘曲线的结合体，而形成一种全新的满族符号。便服更是呈满汉共治局面，在满族袍服的主体结构上改制宽袖，一改满袍的朴素、粗犷和窄衣窄袖的旧制，运用直身宽袖而形成繁复精致的装饰风格。晚清满族女子袍服袖式的改制，是与汉文化融合的结果，但并非只是文化崇尚的影响，服饰从来代表的不仅是精神层面，人的本性还是倾向于服务人体需求，这种需求是不可逆的。中原地区气候并非像东北地区那样寒冷，加之骑射风气的减弱，紧身窄袖的服饰风格已不适合当下的生活环境。清代在经历繁盛的顶点至晚清开始败落，社会氛围使装饰风格逐渐趋向内饰，但族属文化并没有因此消失，各方面原因造成了晚清满族袍服一体多元的特征，同时满人的文化基因隐藏其中，甚至形成异族同化，"挽袖"的多元表达就是生动的例证。

第三章

晚清汉族女子

服饰标本研究

与袖制

通过对晚清满汉女服标本的整理和相关文献的考证，晚清便服均为袍制，表现为汉族偏短满族偏长，故汉称襦，即袄，形制为右衽大襟；满称衬衣和氅衣，形制多为大襟。大襟便成满汉的通制，对襟形制满汉统称褂。而袖制最终满承汉制，且被发扬光大。因此，有必要对汉族袖制进行梳理，从中可以发现满汉之间流传与融合的痕迹。

一、晚清汉制的舒袖与挽袖

晚清汉族女子服饰承上衣下裳（裙）古制，明襦裙由此而来直至清，襦尚宽袖，分舒挽二式。舒袖，袖口无上挽，以袖口的不同缘饰分为三类。一是袖口无镶滚的素袖缘；二是袖缘施镶滚，表现为宽窄不一的绣片、织带配合繁复的镶滚工艺，即"十八镶滚"；三是袖口接有宽缘，内外分别与面料和里料缝合，缘上绣有纹样，有绣满整围的，也有只绣满靠后袖缘三分之二的。第三类方式既省绣工，又使女子坐姿两手搭叠扶膝时，刚好露出绣工部分，整体效果看似满工袖缘。更有奢者，会在宽缘表面搭叠复绣或缘外镶滚，以增加富贵感。如果说搭叠复绣和缘外镶滚是为强化舒袖奢华的话，挽袖形制就是出于能动的设计，同时又为娇饰提供了妙域。因此，晚清汉制的挽袖对满族影响很大，而成为汉满融合独一无二的时代特征。挽袖展开后袖长过掌，袖口内拼接有绣片、镶滚的宽缘，袖口外缘的面料依节约原则有拼有整，上挽既可露出袖内的华丽绣工部分，又遮住袖外拼接的素布。与满族挽袖多次翻折不同，汉族女服多见挽一次，将翻折后的袖口缝在袖身上。挽袖结构在视觉上与第三类舒袖相似，但从工艺的内在结构看，挽袖的镶滚装饰一般在袖内，翻折一次可见，而舒袖在袖外，不用翻折。然而，晚清这种汉制袖式是有迹可循的，或是袖胡的残留（图3-1）。

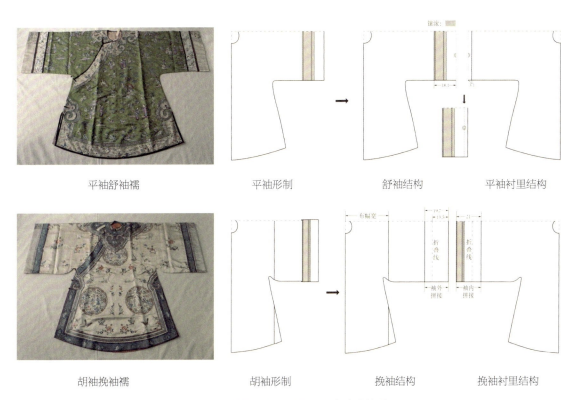

平袖舒袖襦　　　　平袖形制　　　　舒袖结构　　　平袖衬里结构

胡袖挽袖襦　　　　胡袖形制　　　　挽袖结构　　　挽袖衬里结构

图3-1　汉制平袖舒袖与胡袖挽袖结构特征
（来源：王小潇藏）

二、汉制袖胡流变

值得研究的是，晚清汉族女衣舒袖和挽袖中都有袖胡存在，而满族没有。袖胡又称袖壶，非胡人习俗，是指汉族女衣腋下有形同黄牛脖子下的垂弧[1]，因与茶壶壶嘴的根部弧线相吻合，故有此称。袖胡形制源头甚远，笃承汉统古制。夏时尚无此制。商代呈上衣下裳，交领右衽且腰系带，衣袖窄。周代出现深衣，其形制为衣裳上下相连，有曲裾和直裾之分，右衽交领，腰间束带，袖身宽博袖口窄小，腋下有袖胡。出土于1949年湖南长沙东南郊陈家大山战国楚墓的人物龙凤帛画中，一女子着曲裾深衣，衣袖垂有袖胡，证实袖胡至少始于周代深衣（图3-2）。《深衣考》中说："衣长二尺二寸，袂[2]属之，亦如其长，既从掖下裁之到要，使其广止一尺二寸，又从掖下裁入一尺留其一尺二寸可以运肘，而后以渐还之，至于袂末，仍得二尺二寸。玉藻言，袪[3]，尺二寸，乃袂口之不缝者，非谓袂末止尺二寸也。如是则左右袂相合斯成规矣。"[4]从尺寸的裁制而言，袼[5]之高低取决于肘臂是否能运动自如，即"运肘"（图3-3）。这就决定了袖胡弧线的起始点，再顺弧线往下沿至袖袪的深度，袖宽者则袖胡弧度明显。于礼而言，《礼记·深衣》说："古者深衣，盖有制度，以应规、矩、绳、权、衡。"深衣左右袂相合成圆，"袂圜[6]以应规"，"故规者，行举手以为容……举手为容者，应接之恭，外无圭角也……谓贵此规矩绳权衡五者，非深衣也。"[7]袖胡于深衣之制是五法之首者——规，此"礼"贵于深衣本身，"袂圜"袖胡便成礼制的标签。因此，古代袖胡越大礼仪等级越高（图3-4）。"侈袂"袖胡之奢，"执圭之贵"。"侈袂"也作"移袂"，《仪礼·少牢馈食礼》："主妇被锡，衣移袂，荐自东房。"汉郑玄注："大夫妻尊，亦衣绡衣，而侈其袂耳，侈者，盖半士之袂

---

1 周锡保：《中国古代服饰史》，丹青图书有限公司，1986，第77页。
2 袂：原指衣袖的下垂部分，其位置在肘关节处。一般多做成弧形，以便臂肘的屈伸。后引申为衣袖的统称。先秦时袂、袪指袖各有其不同，两者有时混用。六朝以后，口语中袖逐渐普及，取代了袂、袪。
3 袪：①专指衣袖；②专指袖口。文中为袖口之意。
4 黄宗羲：《深衣考》，中华书局，1991，第21页。
5 袼：俗称挂肩，衣身与衣袖之间拼缝处，也代指衣袖。
6 圜：本文中通"圆"。
7 崔高维校点：《礼记·深衣》，辽宁教育出版社，2003，第216页。

以益之，衣三尺三寸，袪尺八寸。"南朝梁萧统[1]《〈陶渊明集〉序》："齐讴赵女之娱，八珍九鼎之食，结驷连镳之荣，侈袂执圭之贵，乐则乐矣，忧亦随之。"可见，袖胡之制先是为了解决因宽袖带来的不便，实现肘部的运动，此为"便"；"规者举手为容，容者应接之恭"，故儒家礼制中的"规"与袂圜吻合，有了由"便"上升到"礼"的历炼。周锡保在《中国古代服饰史》中说："这种垂胡式的衣袖，是为后来在裁制上所常用，主要是可以使腕肘行动方便。"[2]事实是袖胡增加后倒有不便，故侈袂不便而成礼。

图3-2　湖南长沙东南郊陈家大山战国楚墓的人物龙凤帛画[3]

1　萧统：（501—531），字德施，小字维摩。南兰陵（今江苏省常州市武进区）人。南朝梁宗室、文学家，梁武帝萧衍长子，梁简文帝萧纲、梁元帝萧绎长兄，母为贵嫔丁令光。天监元年（502年）十一月，册立为太子，举止大方，爱好佛学。因蜡鹅厌祝一事，父子产生嫌隙。中大通三年（531年），英年早逝，谥号昭明，葬于安宁陵，后世称为"昭明太子"。
2　周锡保：《中国古代服饰史》，丹青图书有限公司，1986，第77页。
3　来源：湖南省博物馆藏品。

深衣

（《朱子家礼》）

图3-3　深衣结构名称[1]

玄衣

（清代刻本《古今图书集成》插图）

图3-4　古代袖胡越大礼仪等级越高[2]

---

1 摘自《中国古代服饰辞典》。
2 同上。

继周代深衣后秦人着袍服，袍即深衣。汉承秦制，以袍为朝服，从图像史料显示，侈袂者袖胡大，多为礼服，而寡袂者袖胡小，多为便服。南北朝时期鲜卑族建立政权，使胡汉文化产生深刻融合，且国俗倡宽衣博带为尊，但仍避免不了劳动阶层的百姓因为劳作方便流行少数民族紧身窄袖的装束。隋唐时期初尚窄袖，而后国富民强，贵族妇女衣袖渐尚宽，袖式呈丰富多彩的面貌。宋代男子袍衫和女袄衫衣袖宽窄均有，唐风依旧。元代袖制基本以窄袖为主，成为明朝帝制恢复汉统最后侈袂袖胡礼制到来的前夜。明代官袍袖宽至三尺，为贵族、儒生所穿的直身[1]也为大袖，妇女所穿的褙子，大袖为礼服，小袖为普通便服。从历代服饰的演变中证实，虽服装形制一直在发生变化，不变的是宽袖往往被作为身份尊贵者和尚礼的象征。袖袼的高低和袂弧又完美地将实用和礼制结合在一起，形成了袖胡而被传承，这种在"便"的基础上成全了"礼"，即袖胡由功用升华为中华民族崇礼的符号，可谓中华造物传统对格物致知的笃守。清代虽然没有在形式上直接借鉴袖胡汉制，但重要的是创造性地运用了这种从理念到制度构建的机制，呈现了从"满俗到礼制"治国的物质形态，从极具骑射功用的马蹄袖衍生到礼服标志正是像袖胡从功用到礼制那样的成功实践。而汉制袖胡到晚清却由男转女，由礼制变风尚，所保留下来的或许是"非富即贵"的初心。在形制上袖胡与马蹄袖形成对冲而成汉俗独属，也就形成了清朝服制无论如何吸收汉统，也没有出现满族袖胡（表3-1）。

---

1 直身：明代的一种重要服饰，本指古代的燕居常服，后多指僧、道或士子所穿的服装。明朝刘若愚在《酌中志·内臣佩服纪略》中有言："直身，制与道袍相同，惟有摆在外，缀本等补。"

表3-1　中国古代袖胡流变

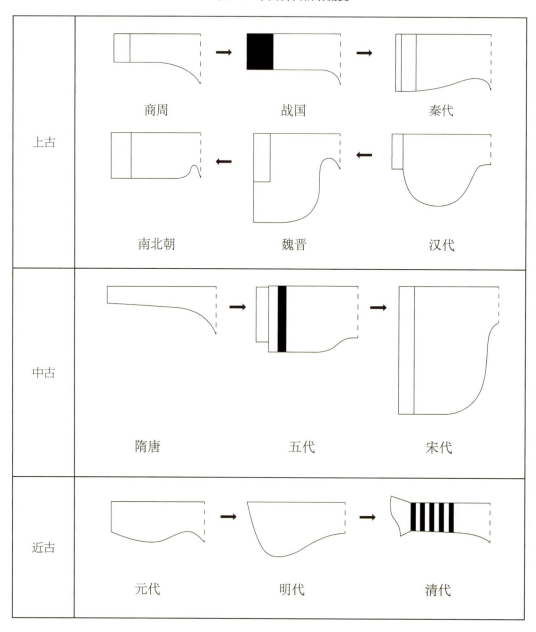

上古	商周 → 战国 → 秦代 南北朝 ← 魏晋 ← 汉代
中古	隋唐 → 五代 → 宋代
近古	元代 → 明代 → 清代

三、蓝色缎绣郭子仪祝寿人物花卉团纹褂

1.蓝色缎绣郭子仪祝寿人物花卉团纹褂形制特征

蓝色缎绣郭子仪祝寿人物花卉团纹褂标本称谓构成的信息，足以说明出自非富即贵的汉族妇女，也是收藏家王金华先生收藏中的精品。它虽属于晚清汉族女子便服，但材料上乘、工艺考究、绣工精湛。标本形制为圆领对襟，两侧开衩的直身式女褂。此为前文所述的第三类舒袖，即袖口接有宽缘，内外分别与面料、衬里缝合，后袖缘满绣有白色缎绣百鸟纹。前襟系鎏金铜质扣襻四粒。女褂主体纹饰为郭子仪祝寿人物花卉纹共八团，周身散布呈满天星状蝶恋花卉纹。领缘从里到外镶饰石青色绲边、石青色缎绣百鸟纹绣片、白地花卉纹织带，袖缘、两侧如意云头纹饰，开衩、底摆饰边与领缘相同。此女褂绣工精致，纹样规制严整有序，应是婚后妇女日常穿着的服饰，与满族妇女服饰最大的不同，就是通过人物故事布施达到教化作用（图3-5）。

2.蓝色缎绣郭子仪祝寿人物花卉团纹褂信息采集与结构图复原

蓝色缎绣郭子仪祝寿人物花卉团纹褂主结构，通袖长145cm，十字交点距离左、右接缝线分别是35.7cm、35.4cm，接缝线至袖口分别是36.8cm、37.1cm，袖口宽42.6cm。衣身长110.3cm，领口深10cm，后领凹量1cm，衣身底摆有9cm翘量。领口整圈有内贴边，宽为17cm。衬里主结构完整，袖身宽度不足，左右袖口至腋下拼接3.5cm到7cm不等的布条，应是从其他衬里拆卸下来再次利用。这再一次证明，"俭以养德"倒是富贵不能枉费的戒牒，细微之处正考验"慎独"的儒家修养，这或许是"郭子仪祝寿"背后更值得挖掘的。

整件女褂工艺，无论是刺绣还是缝制，都极为工整。因缝边藏进面布与衬里之间，无法测得缝份，故设定1cm为缝份尺寸，以此可还原标本的毛样结构图（图3-6）。

图3-5-1 蓝色缎绣郭子仪祝寿人物花卉团纹褂标本
（来源：王金华藏）

领缘与大襟缘细节

前袖缘细节

底摆与侧开衩边饰细节

后袖缘细节

图3-5-2　蓝色缎绣郭子仪祝寿人物花卉团纹褂细节

前中团纹

前幅左摆团纹

前幅右摆团纹

左肩团纹

后中团纹

后幅左摆团纹

后幅右摆团纹

右肩团纹

图3-5-3　蓝色缎绣郭子仪祝寿人物花卉团纹褂八团局部

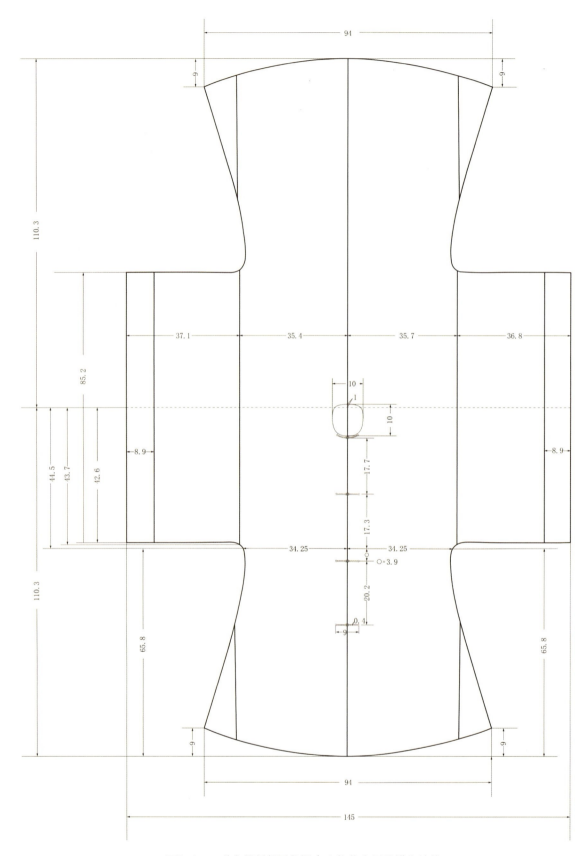

图3-6-1 蓝色缎绣郭子仪祝寿人物花卉团纹褂主结构

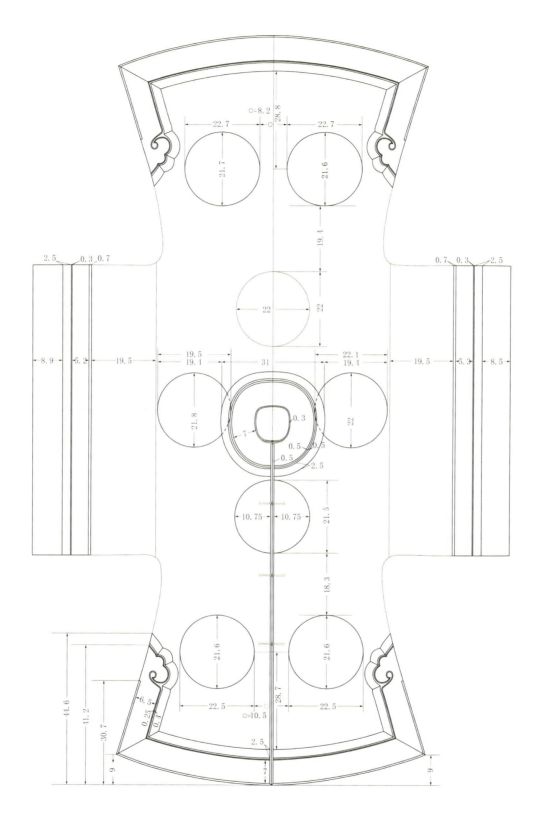

图3-6-2 蓝色缎绣郭子仪祝寿人物花卉团纹褂饰边结构

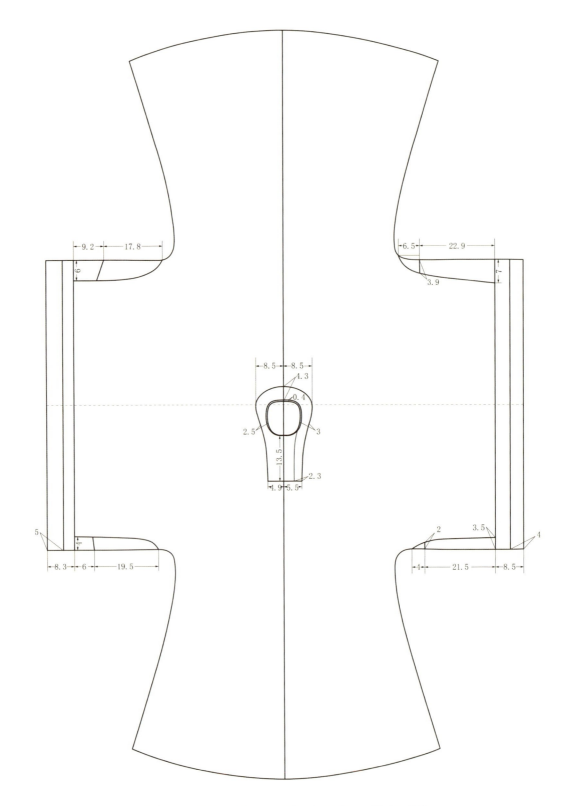

图3-6-3 蓝色缎绣郭子仪祝寿人物花卉团纹褂衬里结构

 76 满族服饰研究：满族服饰结构与形制

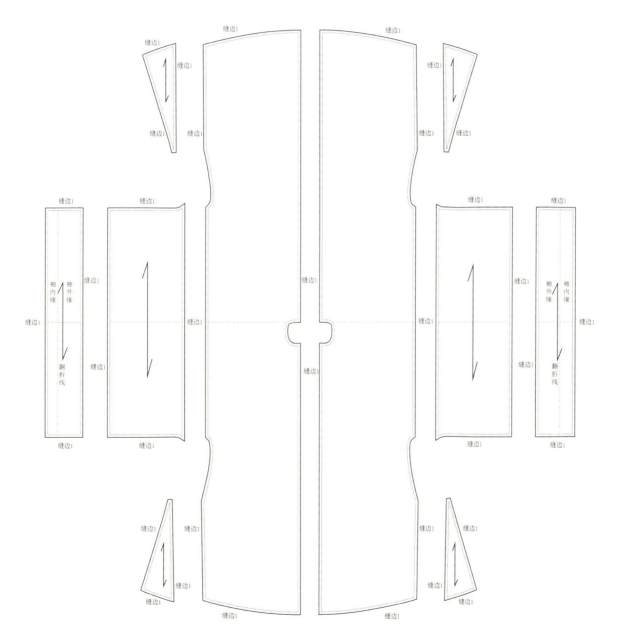

图3-6-4　蓝色缎绣郭子仪祝寿人物花卉团纹褂主结构毛样复原

3. 蓝色缎绣郭子仪祝寿人物花卉团纹褂袖制分析

此女褂袖制为常见的舒袖，袖口为白色缎绣百鸟纹宽缘，其两边分别连接面料和衬里。女褂表面十字交点距离左、右接缝线分别是35.7cm、35.4cm，接缝线至袖口36.8cm、37.1cm，袖口宽42.6cm（见图3-6-1）。袖口饰边从里到外分别是0.7cm、5.3cm、2.5cm，缘边饰宽8.5cm（见图3-6-2）。女褂衬里袖中无破缝，距离袖口8.5cm拼接宽3.5cm到7cm不等的增袖布条，而面料无加宽的拼接，可见衬里并不是原配，而是后配（见图3-6-3、图3-7）。从标本袖缘结构图复原的情况看，它是跨表里与面布和衬布连接的，其中满绣百鸟纹集中在后袖缘上。这是根据汉人女德教化设计的，使女子端坐两手搭握在腿上时看似满绣的女红。这一方面展示主人的绣作功夫，另一方面不作满工以修持尚俭的妇道，即便是重要场合的礼服，仍然保持对俭以养德传统的守护。如拼接现象，在面料使用中为了取整幅普遍出现"补角摆"现象（见图3-6-1），满汉都是如此。而袖缘纹饰后奢前寡却是汉人妇女袖制所特有的，这与儒家的女德伦理传统不无关系，而满族并没有这个传统（图3-8）。

图3-7 蓝色缎绣郭子仪祝寿人物花卉团纹袆衬里的增袖拼接

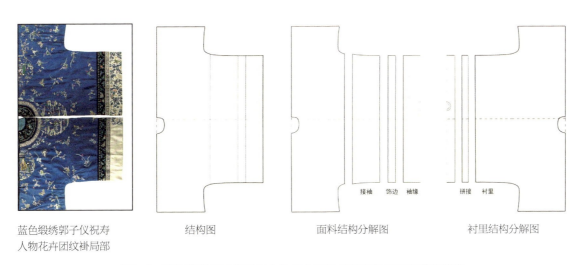

蓝色缎绣郭子仪祝寿　　　　结构图　　　　面料结构分解图　　　　衬里结构分解图
人物花卉团纹袆局部

接袖　饰边　袖缘　　拼接　衬里

图3-8 蓝色缎绣郭子仪祝寿人物花卉团纹袆袖缘纹样后奢前寡结构

四、天蓝色缎绣瓜瓞绵绵纹袄

1. 天蓝色缎绣瓜瓞绵绵纹袄形制特征

汉族天蓝色缎绣瓜瓞绵绵纹袄和满族红色缂丝牡丹瓜瓞绵绵纹氅衣（见图2-6-1）统属晚清汉满女子便服。它们有相同的纹样瓜瓞绵绵纹，和相同的形制圆领右衽大襟，舒袖，两侧开衩和鎏金铜扣襻五粒。不同的是，天蓝色缎绣瓜瓞绵绵纹袄有满绣的立领，领缘饰边都有错襟[1]，但较满族不明显，领襟、侧摆和底摆饰边完整，而满族标本没有底摆饰边。最大的不同就是该标本保有汉族固有的袖胡形制和表达女德袖缘纹饰的"后奢前寡"传统。绣作也更规整讲究，女袄主体胸背瓜瓞绵绵纹呈太极骨式，其余纹饰左右对称（此规制也被满族氅衣继承下来，见图2-6-2）。领缘、襟缘、摆缘和袖缘饰边从里到外均镶石青色绲边、石青色缎绣牡丹纹绣片和白色花卉纹织带。主体花卉纹饰以打籽绣法为主，纹饰秀丽，绣工精致，色彩清雅。因此，它与满族的缂丝氅衣一样，拥有非富即贵的主人（图3-9）。

2. 天蓝色缎绣瓜瓞绵绵纹袄信息采集与结构图复原

天蓝色缎绣瓜瓞绵绵纹袄主结构，通袖长131.5cm，十字交点距离接缝线38cm，距离袖口线65.8cm，袖口宽49cm，衣长110.7cm，领口深11cm，后领无凹量。侧开衩46.2cm，衣身底摆有11.2cm翘量，里襟衣长短于前中5.9cm，是为了防止里襟露出大襟外。衬里左右两幅分别是34.5cm，32.3cm。左袖接缝线距离绣片23.8cm，接白色缎凤凰牡丹纹绣片，宽为22.4cm，其中14.1cm挽袖后露于外，8.3cm隐于内，绣片靠后镶绣花饰边。右袖两次拼接，接缝线宽分别是16.5cm、8.9cm，接白色缎凤凰牡丹纹绣片，宽为22.8cm，其中14.5cm挽袖后露于外，8.3cm隐于内。饰边数据采集后在主结构中复原；标本毛样在分解的主结构基础上追加缝份复原（图3-10）。

---

1 错襟，在满汉便服中普遍存在，这种结构形制源于汉族女子便服，满族借鉴后被发扬光大，在晚清错襟形成"满放汉收"的时代特征（参阅本丛书卷三《满族服饰错襟与礼制》）。

图3-9-1　天蓝色缎绣瓜蝶绵绵纹袄标本

（来源：王金华藏）

领缘与大襟缘细节

后领缘细节

后幅左侧开衩缘饰细节

后袖缘细节

图3-9-2 天蓝色缎绣瓜瓞绵绵纹袄细节

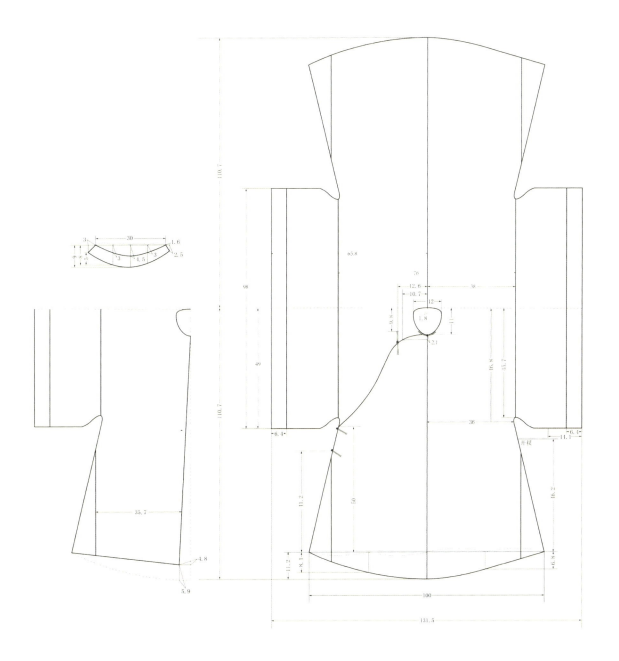

图3-10-1　天蓝色缎绣瓜瓞绵绵纹袄主结构

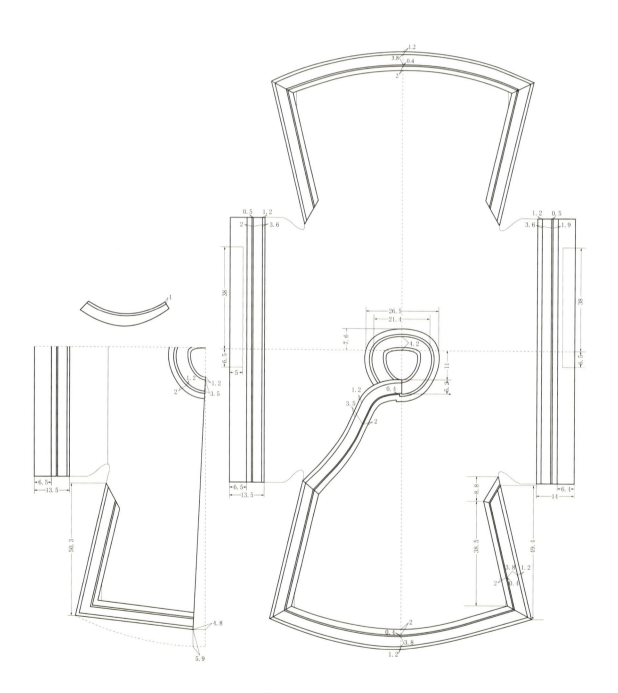

图3-10-2　天蓝色缎绣瓜瓞绵绵纹袄饰边结构

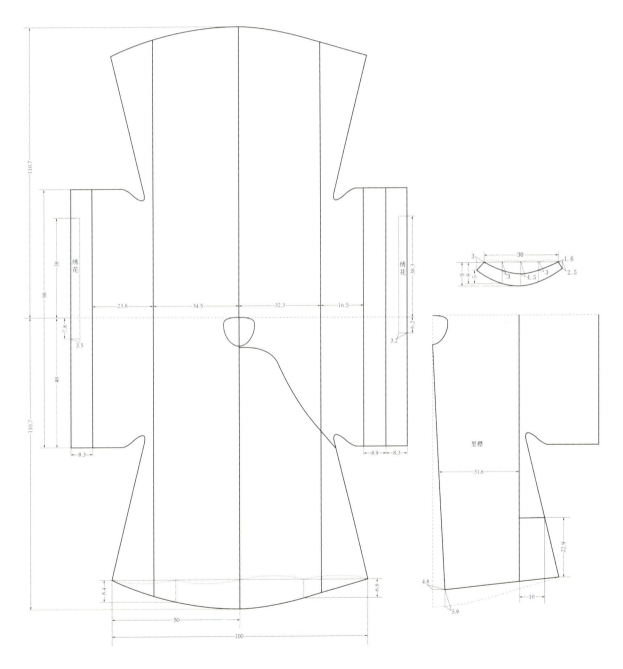

图3-10-3　天蓝色缎绣瓜瓞绵绵纹袄衬里结构

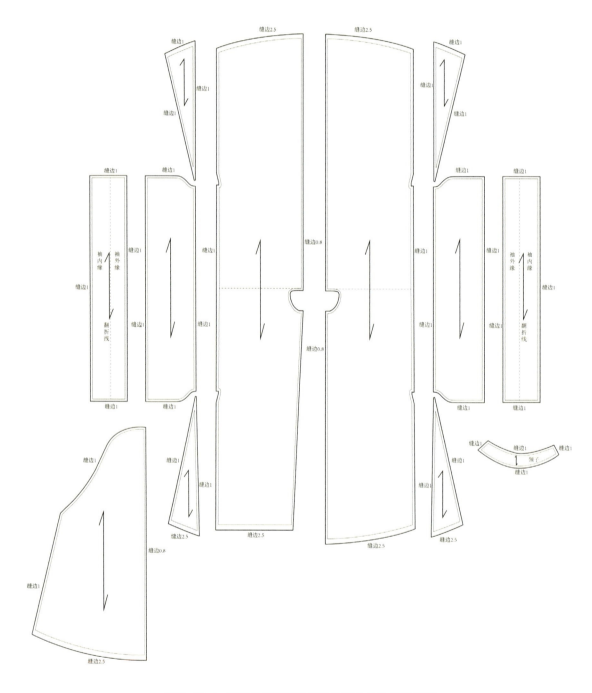

图3-10-4　天蓝色缎绣瓜瓞绵绵纹袄主结构毛样复原

3. 天蓝色缎绣瓜瓞绵绵纹袄袖制分析

标本袖式是典型的晚清汉族女子有袖胡的挽袖，袖宽达49cm，袖胡深度约3cm。与清之前汉袖相比，清晚期的袖胡是浅而平缓的，袖袂与袖袼的尺寸接近，像是在三尺袖子上修剪成袖胡轮廓的结果。可见晚清的汉制袖胡已不存在礼制作用，更像是一种格式化的汉族符号。值得注意的是，它只在贵族妇女服饰中流行。通过对这一时期具有代表性袄褂标本的数据采集，有袖胡的袖宽分别是48.5cm、49.5cm、51.5cm、53.8cm，即在50cm上下浮动，无袖胡的袖宽分别是39.2cm、35.3cm、41.8cm、42.6cm。虽然清晰地得出有袖胡者袖宽普遍大于无袖胡者，但这一结论并不绝对，在测量数据的过程中，有袖宽达到50cm以上却无袖胡的个例。说明袖胡的继承至晚清已经成为族属的符号，这种历史上从功用升华为礼制的传统，在清代更像是对汉文化的缅怀，而成为区分满汉女服袖式的标志。因为到晚清即使满俗汉制的大袖成为主导，袖胡也不会在旗人的袍服中出现（图3-11、图3-12）。

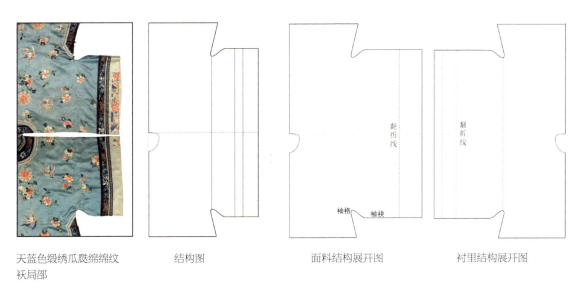

天蓝色缎绣瓜瓞绵绵纹   结构图   面料结构展开图   衬里结构展开图
袄局部

图3-11 天蓝色缎绣瓜瓞绵绵纹袄袖胡结构

标本1　　　　　袖胡结构　　　　　标本2　　　　　袖胡结构

标本3　　　　　袖胡结构　　　　　标本4　　　　　袖胡结构

标本5　　　　　平袖结构　　　　　标本6　　　　　平袖结构

标本7　　　　　平袖结构　　　　　标本8　　　　　平袖结构

图3-12　汉制有无袖胡标本结构比较
（来源：王金华、王小潇藏）

五、满汉袖制比较

在清代满汉女子服饰并行的276年，汉族女子服饰始终保持宽衣大袖的风尚，其间仍有袖胡存在，而满族从最初的窄衣窄袖变为接近汉族袄、褂、袍的宽袖，且演变出更加丰富的舒挽形制，为旗袍的出现指引了一条必经之路。纵观历史，从先秦至明代，汉族服饰袖子基本呈现宽博的特点，袖胡则如影随形。这种服饰为重祭祀的古代贵族或崇尚礼教的儒士们所追捧，成为汉文化的典范，也因一时风尚而流行。窄袖的形制，多被普通劳动百姓穿着或因少数民族掌权时而产生民族间的文化交流而成为中华民族一体多元的民风。清代汉族女子服饰虽承继明朝遗制，但从顺治时期袖宽逐渐减小，至乾隆后期约一尺二寸，于可见的晚清标本中，最宽的也不足两尺。这或许与身处满族统治的王朝身不由己，或者与满族以窄袖可兆骑射祖训有关。相反汉人吸纳满俗，袖宽减小，袖胡也随之减小，其礼制亦无存，最终袖胡进入历史，这可以说是汉制被满化的结果。相对来说，满族吸收汉族的文化较为明显，却不仅仅是因为汉文化的强大，也与地域和本民族优越的政治经济发展地位有很大关联。清初的紧窄马蹄袖虽被升为礼服元素，但后期基于汉文化的影响还是在不断地加宽，甚至出现了一种马蹄袖与平直的宽袖结合的袖形，以此区别礼服的等级。便服中的衬衣、氅衣以宽大的平袖代替，且形制丰富，关键是吸收汉人挽袖结构，使马蹄袖元素消失。光绪时期的袖式已发展得十分多样化，除了丰富的挽袖之外，舒袖中也形成了满汉共治的多种袖形，如收口形、宽口形、倒大袖形等。由于西风东渐对男女平权思想的影响，女装有了收窄的趋势，窄身与略微收紧的倒大袖结合体与改良时期的旗袍造型不谋而合，或成旗袍的前身。在保持十字型平面结构中华系统的基础上，腰侧有了明显的曲线，袖子更加窄小，这为现代立体旗袍奠定了基础。旗袍虽由满族服饰发展而来，但十字型平面结构的中华基因始终未变[1]。我们所见的旗袍窄袖窄身形制并非直接从清初满族服饰的窄身窄袖而来，而是经过吸收了汉族宽袖文化，经历时代的锤炼不断地丰富其形制，最终在西方现代文明的影响下一步一步发展成为旗袍形制。清末民初，或许是清王朝的逐渐没落，或许是男女平权造成思想的进一步开化都潜移默化地产生影响。因此，与其说旗袍是满汉文化的合体，不如说是中华一体多元文化特质伟大实践的结晶（表3-2）。

---

1 刘瑞璞、邵新艳、马玲等：《古典华服结构研究》，光明日报出版社，2009，第1页。

表3-2　满汉服饰袖制结构比较[1]

时代	汉族服饰袖制的演变	清满族服饰袖制的演变
先秦		清早期形制
宋代		
明代		清中后期形制
清代		清晚期形制
民国旗袍三个时期	古典时期 连身连袖十字型平面直线结构　　改良时期 连身连袖十字型平面曲线结构	定型时期 分身分袖施省立体曲线结构

---

1 摘自《中华民族服饰结构图考·汉族编》。

90　　满族服饰研究：满族服饰结构与形制

六、本章小结

　　晚清汉族女子无论是袄褂还是袍服袖制都承袭前朝宽袖遗风。从穿着方式来看，分为舒挽袖式；从结构角度来看，分为有无袖胡之制。由于此时期袖宽未有前朝之大，不会过于影响肘部的运动，而腋下平直无袖胡的形制成主导，因此腋下有袖胡的形制趋于弱化，其弧线曲率有种"拿来主义"的味道，即模仿明制。可见袖胡在经过从"便"到"礼"的转变后，在晚清时由男性转向女性的专属，成为风尚，此种由功用性上升到儒礼的结构最终成为汉文化的符号。满族女子袖制中，马蹄袖由于关内的环境和减少骑射的生活习惯而失去了"用"，则被上升为礼仪之制，也经历了由"便"到"礼"的过程。满族妇女便服中吸收汉制的舒袖和挽袖，在晚清时挽袖加以丰富大大超越汉族，而呈现出千汇万状的形式。这既是与汉族融合的结果，也是清朝在失去了马上民族往日开疆扩土的气魄后，外忧内患中依然追求奢靡闲适的生活风气，向外追求奢华粉饰的结果。清末民初，西风东渐，引进男女平权思想，简约的装饰和窄衣窄袖的风潮登上了历史舞台，这便是旗袍的前身。而此时的窄身窄袖与简约装饰并非满族骑射传统的回归，而预示着中华民族一个划时代的开始。

第四章

袖式的满俗汉制

从历史遗留的实物以及文献整理发现，中国古典华服系统始终建立在十字型平面结构[1]之上，"袖"在十字结构的横向轴线处于关键部位，在清朝皇帝十二章龙袍为日月二章的位置，因此剖析袖制对于研究中华传统服饰至关重要。在中华传统尚礼的文化背景下，服饰可谓礼的物化表现，古法中常以宽袖示礼，窄袖衣多为普通百姓穿着，也有少数民族入汉地，胡服窄袖便于活动的优势赢得了权贵的喜好，可用于行闲戎用之服。明代统一恢复汉族服饰礼制。至清代，服饰再一次登上服饰变革的高峰，北方少数民族满洲贵族以窄身窄型马蹄袖取代历朝宽大的礼服袖制，也就不可能有汉制的袖胡。满族女子便服融合汉俗，晚清衬衣、氅衣这类服饰的袖口接近汉制女袍宽度。满族服饰特别把汉人的挽袖发扬光大，袖口多次折叠并用饰边镶滚以示华贵，这反过来也影响了汉族服饰。因此，无论满族还是汉族女服，都呈现出异于前朝、繁复精致的装饰风格，袖式的满俗汉制便是标志性的。

---

1 十字型平面结构出自《古典华服结构研究》研究成果："中国古典服装是平面直线剪裁，以通袖线（水平）和前后中心线（竖直）为轴线的'十'字型平面结构为其固有的原始结构状态。这种平面'十'字型结构以其原始朴素的面貌走过中国漫漫五千年历史，一直延续到民国时期。"

一、袖制流变

刘熙在《释名·释衣服》[1]言："袖，由也，手所由出入也。亦言受也，以受手也。"袖，即覆盖于手臂，手所出入的部位。在现代社会中，袖子是以不同长度包裹臂身的立体造型，以保护手臂、方便人体活动。服装造型袖式成为设计准则之一，其构成以袖笼、袖山、袖身、袖口等基本元素相辅相成。追溯至古典时期，从夏商初具服饰形态的初创期到秦汉唐宋的中古期，再到明清的近古时期，通袖位于十字型平面结构的横向轴线，以不破缝的肩线为基准的结构系统并没有改变，通过变化的袖袼、袖袂、袖祛等部位形成不同造型。解读其外观特征能更深刻地与不同朝代、民族、制度的服饰文化对话（图4-1）。

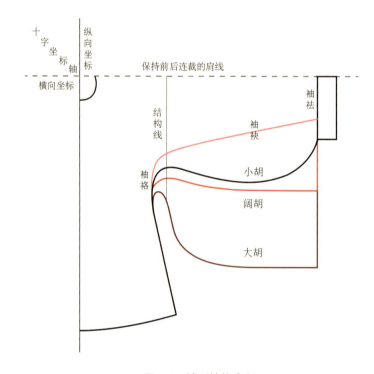

图4-1 袖型结构古制

---

1 《释名·释衣服》：《释名》出自于东汉末年刘熙之手。这是一部专门探求事物名源的佳作，《释衣服》为其中一篇。

纵观中国历代袖制，根据学者研究和文献考证发现，袖制外观变化多样，但内在结构始终未变，以十字型平面结构为骨，礼为魂而历经改制，且都在袖身的一道纵向破缝和一道横向不破的肩线构成。《礼记》中的"规矩绳权衡"，即准绳制度（见图4-1），这是由布幅宽度决定的结构形态，此为中华古典服饰的结构基因。"殷因于夏礼，所损益可知也。周因于殷礼，所损益可知也。"可知夏商周的服制，礼制都是在继承前代的基础上革新的。商初重鬼，在专制统治的观念下推崇权力神授转而重神，帝王在官民视角中，神扮演着沟通的角色，为寻求神的保护发起祭祀活动，礼仪名目增多。《尚书·商书·太甲》："伊尹以冕服奉嗣王归于亳"[1]，祭祀时着宽袍大袖的冕服便成华夏传统。从目前出土的资料中，商、周出土的玉庶人多为窄袖，可见窄袖在当时是民间较普遍的服饰。除了宽袖、窄袖的形制外，还出现了大袂小祛的形制，即袖胡的出现，这就使礼变得精致而深刻，形成了尚礼。重要的是，此三种袖制都是在十字型结构的基础上形成的，在后代的演变中仍被广泛传承，男女同构。

秦、汉在服制上一脉相承。汉代深衣盛行，既作为朝服也是男女通服，窄身大袖，袖口以祛收小。《礼记》[2]中对于深衣的记载，虽在形制上无法清晰得出结论，但从后世学者的考证得知，"袂圜以应规"，"故规者，行举手以为容"，袖制应"规""矩"，重在"礼"说。如果说秦汉以前的袖制与礼有关，魏晋则更像是一个刻意的破礼时代。社会的动荡，是玄学与儒、道、释结合的催化剂。纯"哲学"和纯"文艺"思想高度使"内心"被真正地重视，表现于外在的是放荡不羁的宽衣博带、袒胸露背。"凡一袖之大，足断为两，一裙之长，可分为二"[3]。衫子的宽袖不施祛，不收敛袖口，此时呈现的是魏晋玄学和佛教的逍逸之气。南北朝时期，表征身份仪式的宽衣博带被统治阶层以礼法推行，便于活动的窄袖胡服在民间流传，这是史上胡汉之间一次两极分化

---

1 屈万里：《尚书集释》，中西书局，2014。
2 《礼记》：成书于汉代，为西汉礼学家戴圣所编。《礼记》是中国古代一部重要的典章制度选集，书中内容主要写先秦的礼制，体现了先秦儒家的哲学、教育、政治和美学思想，是研究先秦社会的重要文献，是一部儒家思想的资料汇编。
3 文献出处，记载于《宋书·周郎传》。

的服饰交流。唐、宋时期，大一统的华服回归，官服大袖表风度，小袖窄紧便于活动。宋代宽袖窄袖均有，但与唐代不同，通常按礼节穿着，雅俗分明，文人雅士偏爱僧人的宽袖直裰。辽金元时期因少数民族统治，袍服主要以窄袖为多。明代回归汉制，恢复了汉统宽袍大袖[1]。梳理历代袖制，宽袍大袖成为主流，始终与"礼"不可分割，史证、今人的研究和愿望似乎不谋而合。除此之外，就是重视礼仪的士大夫阶层的发达，决定了"文官国家制度"的我国帝制特色，造就了这种宽袖的服饰文化。然而清代，表达"礼"的方式与前朝正好相反，礼服改宽袍大袖为紧身窄袖，虽晚期又逐渐加宽，但其所表达的寓意与前朝因"礼"而改宽不同。因此，分析袖制的历史流变，有利于解读清代袖制满汉融合的实证，认识中国历史上最后一次民族大融合帝制王朝的物质文化特征。

1 袁仄：《中国服装史》，中国纺织出版社，2009，第33－114页。

二、清代女子袖制

1. 清代女子袖制形成的背景

一代之兴，必有其衣冠之制。清代是一个由满族统治各民族大融合的时代，因此清代服饰早期承袭本族，逐渐演变中融合汉俗，最终形成一体多元的服饰特征。袖制是其重要标志，研究其形制结构使深入了解清代满族服饰脉络成为一项解剖性的工作。从局部的变化机制管中窥豹认识清代服饰整体的文化景观无疑是对本课题研究的专业考验，也是学术发现的关键。

满族历史悠久，距今约两千多年的先秦时期被称为肃慎，汉代时记载为挹娄，南北朝时期称勿吉，隋以后称靺鞨，辽代以后为女真，女真统治金代后又历经元、明，清代以满洲自称成为统治者。这一民族自古居住于东北边疆地区，天寒荒芜的地理环境造就以骑射渔猎的生活习惯，使着装习俗早已在实践中定型，与中原农耕文明的服制虽不相同，但十字型平面结构的中华系统彼此维系着。《大金国志》记载："善骑射，喜耕种，好渔猎"，"以桦皮为角，吹呦呦之声，呼麋鹿而射之"，"厚毛为衣，非入室不撤"。可见，在文化尚不发达的背景下，服装更多的是先满足于最基本的防御、保暖、便于活动的功能要求。满族立国之初，以金朝的灭亡引以为戒。《清太宗实录稿本》记载："凡汉人官民男女穿戴，俱照满洲式样。男人不许穿大领大袖、戴绒帽，务要束腰；女人不许梳头、缠脚。"由此可见，满族在服饰上延续女真族紧身窄袖的风格，与汉人的宽袍大袖形成鲜明的对比，除了功能的原因，还有本族示优的意识形态问题，但文化的碰撞和维持政权的统治都会有所改变。基于华服几千年以来十字型平面结构从生存（节俭）到礼制（修德）实践的文化基因已无法改变，满人所谓的窄身紧袖，并非现代服装意义上包裹身体的紧身衣，平面性剪裁是无法做到与身体完全贴合又便于活动的立体造型。因此，窄只是指胸围和袖口的围度小，利于防备寒风灌进袍内，而袍服下摆大、腋下低，则是留有足够的松量便于骑马射箭。早期袍服衣身两侧的轮廓线斜度大，就是胸围收小下摆放大的结果。袖身也是如此，从腋下至袖口呈渐收的斜线，大部分袍服的袖口连接马蹄袖，骑行时翻下保护手背，依旧是保护身体的功能。除了本族的生活习惯之外，民族个体的特殊性和民族感情依然是清统治者将本族服饰作为国服的原因，但也仍无法避免环境和本族置于多民族中角色的变化所促成的满汉交流而产生十从十不从政策。男子无论满汉皆着满族服饰（实际执行时并不严格），而女子服饰则是满汉共存。正因为如此，满汉女子服饰之间的交流出现了一条直接通道，互相间的吸收和融合成为推进这个时代服饰发展的催化剂，晚清满族女子服饰呈现保留满族习俗，融合汉制的多元化局面。体现在袖子上除了加宽的马蹄袖，到晚清时期形成被汉化的挽袖，它和当时盛行的错襟成为满俗汉制的两大景观。

满族早在后金政权时就定下了冠服制度，礼法上承袭宋代。清人关后，服饰制度一直在不断地修改和完善。随着乾隆二十九年《大清会典》和乾隆三十一年《皇朝礼器图式》的颁布，清代服饰制度最终完成了定制，其服饰体系庞大，规定周祥严整，在结构和纹样上都有严格的礼法遵循。虽然清代服饰结构发生了变化，但在礼法制度上也是延续了中华传统的衣冠文化。而我们目前所能看到的大部分的图像信息和传世标本，也多是乾隆时期以后的服制样貌。故宫博物院编撰的《清宫服饰图典》一书，清晰地展现了这一时期宫廷服饰的图像信息，对女服中的朝服、吉服、常服、便服作了详尽的描述和呈现，是研究晚清女子服饰衍变过程不可或缺的实物文献。以礼仪性程度从强到弱的排序，朝服等级最高，吉服次之，常服则可便可礼，便服礼仪性最弱。这其中虽然以满俗作为主线，但清承明制的华统秩序并没有改变，如十字型平面结构的中华系统、上衣下裳深衣制、十二章制等。

2. 朝服袖式

中国有君王起冠服制度就应运而生，据考古发掘证明，夏代就有确切的衣冠制度，有陶寺类型、良渚类型、二里头类型等。商代已有冕服制度用于祭祀等重大活动。如果说原始的服饰是在生活实践中发展起来的，那么冕服一定高于蔽体御寒的实用性，而有"严内外，明等级，辨尊卑[1]"的作用，这是物质尚且的条件下催化的精神层面的发展，只是充满着神性色彩。古典社会历来将祭奠祖先奉为庇佑的神灵，延续了中国的宗族文化，子孙见长辈尚要服用整齐以表敬重，祈求逝去先祖神灵的庇护则更为严肃、庄重，尤其是尊贵的帝王，

---

1 文献出处，记载于《清会典》。

这便是礼法制度，从上古的冕服制到中古的朝服制就是这种礼法的最高表现形式。

　　"朝祭所御，礼法攸关，所系尤重。"[1]清代的朝服可以说是汉唐宋明朝服制度的集大成者，却也绝不放弃族祖传统，满俗汉制便成为清代朝服前无古人后无来者的最后帝制的时代表征。清朝服通常是祭祀、朝会等重大典礼时所穿的服装，从里到外依次是朝裙、朝袍、朝褂套穿，朝裙和朝褂为配服，朝褂无袖饰披领，朝袍为圆领右衽大襟，直身阔摆，窄型马蹄袖成为朝服的基本形制。妇属朝服夫妻同形同构，亦是对明制的继承。《清宫服饰图典》收录了女子礼服共七组配，其中有朝裙一件、朝袍二件、朝褂四件。以乾隆时期女子冬季礼服为例，据其外观名为明黄缎绣云龙金版嵌珠石银鼠皮朝袍，袍服形制为圆领右衽大襟，两肩有翘肩缘，袖身相接处有女性专属的接袖纹饰，袖口嵌接马蹄袖，衣身两侧和后中三开裾。朝褂圆领对襟，附披领。纹样"通身采用五彩丝线绣流云和海水江崖纹，用金线绣龙纹，其中胸背两肩正龙各一，两护肩缘正龙各一，前后下摆行龙各二，接袖行龙各二，马蹄袖端正龙各一……此袍为乾隆帝孝贤纯皇后在冬季重大典礼时穿用的礼服"[2]。由此不难理解清朝服继承满俗骑射传统的初心（图4-2）。对比唐代阎立本所画《历代帝王图》[3]中冕服宽袍大袖上衣下裳的深衣制，它们同为头等礼服，形态却大相径庭。如果把实物和绘画图像文献加以比较或存可比性的质疑，那么出土的明代朝服实物就看得十分清楚了，对照当时《大明会典》典籍记载也证明了这一点："状元冠服，朝冠、二梁，朝服、绯罗为之，圆领（盘领，本注），白绢中单（衬衣，本注）……俱内府制造"（图4-3、图4-4）。而清朝服不论男女，在通袖的基础上袖袼较低，袖祛急收至22cm，以方便嵌接马蹄袖，使袖身呈上扬之势。礼服中，马蹄袖、多开裾等极具骑射功能的元素，被当做固定的尊礼形

1　文献出处，《清高宗纯皇帝实录》卷327。
2　严勇、房宏俊、殷安妮：《清宫服饰图典》，紫禁城出版社，2010，第15页。
3　《历代帝王图》，传为唐代阎立本画作，画面从右至左画有十三位帝王形象，为前汉昭帝、汉光武帝、魏文帝曹丕、吴主孙权、蜀主刘备、晋武帝司马炎、陈宣帝陈顼、陈文帝陈蒨、陈废帝陈伯宗、陈后主陈叔宝、北周武帝宇文邕、隋文帝杨坚、隋炀帝杨广。各帝王图前均楷书旁题文字，且均有随侍，人数不等，形成全画卷相对独立的十三组人物，共计四十六人。

图4-2 乾隆明黄缎绣云龙金版嵌珠石银鼠皮朝袍[1]

图4-3 《历代帝王图》中的冕服袖胡成为礼服标志[2]

制保留下来确是对传统朝服形制的颠覆，也正因如此创造了中华一体多元的满俗汉制的范式（图4-5）。

---

1 来源：《清宫服饰图典》。
2 来源：波士顿美术馆（藏）阎立本（传）。

图4-4 《兴王朱祐杬像》中的明代朝服[1]

图4-5 嘉庆明黄纱绣彩云金龙纹女夹朝袍和基本结构信息[2]

---

1 来源：故宫博物院藏。
2 来源：《清宫服饰图典》。

3. 吉服袖式

吉服在清朝成为独立的礼服品种，是一种低于朝服的礼仪性服饰，形制直接继承明朝，只是盘领变成圆领，章制为多彩团纹，故又称"彩服""花衣"，主要用于重大吉庆节日、筵宴以及祭祀主体活动后的"序幕"与"尾声"阶段的礼服，根据不同的节日变更颜色和纹样，但形制相对稳定，可谓满俗汉制的代表性服饰。《清宫服饰图典》收录了吉服袍九件，吉服褂二件，其服用方式为内穿吉服袍外套吉服褂，或单穿吉服袍。吉服袍基本形制为圆领右衽大襟，袖口嵌有马蹄袖，整体与朝袍相同，只是去掉两护肩缘，无后中开裾只保留左右侧开裾。根据故宫博物院收藏女吉服样本观察，从清中期开始，吉服袍的袖口宽度呈现逐渐加宽趋势。从《清宫服饰图典》收录的样本分析，顺治吉服袍一件，袖口宽为15cm；康熙吉服袍一件，袖口宽为16cm；雍正吉服袍两件，袖口宽分别是18.5cm和19cm；乾隆时期吉服袍7件，其袖口宽分别是21cm、21cm、19cm、19.5cm、18.5cm、18cm、19cm；道光吉服袍一件，袖口宽为42cm；光绪吉服袍1件，袖口宽为24cm。从数据整理可得出，清晚期吉服袍袖式呈现明显加宽趋势，进入道光时期达到高峰，几乎跟汉服的敞袖相同，只是在袖口保留了马蹄袖的曲线，虽然到晚清光绪马蹄袖有回归的现象，但仔细观察，与康乾盛世时期相比，马蹄袖结构完全不是满族传统的面貌，这或许是清衰势已定回光返照的实证（表4-1）。根据这个线索，考察民间的藏品也得到证实，在收藏家王金华先生的收藏品中见到同类型传世精品红色缂丝八团云龙纹吉服袍。在北京保利2014秋季拍卖会上也有数件此类型吉服袍，可见这种形制在晚清并不是个别现象。清官方文献虽未对此种形制作详尽记载，但不可否认的是，晚清时期满族袖制已经被逐渐汉化，较为明显的变化就是袖宽与汉服接近，作为礼服的吉服袍甚至也改变了满族文化马蹄袖标志，可想而知不入典章的女服和便服就更易被影响（图4-6）。

表4-1　清各朝女子吉服袍袖口宽呈满汉同构的趋势[1]

时期	顺治时期	康熙时期	雍正时期	乾隆时期	道光时期	光绪时期
吉服袍						
通袖长	180cm	180cm	186.5cm	185cm	204cm	212cm
袖口宽	15cm	16cm	18.5cm	21cm	42cm	24cm

清道光大红色缂丝彩绘八团梅兰
竹菊纹夹袍

清道光正红色缎绣八团云鹤花卉纹吉服袍

晚清红色缂丝八团云龙纹吉服袍

图4-6　晚清敞式马蹄袖吉服袍[2]

---

1 来源：选自《清宫服饰图典》。
2 来源：左图选自《清宫服饰图典》，中图选自北京保利国际拍卖有限公司2014秋季拍卖会《华彩霓裳——张信哲暨海
外藏家珍藏明清织绣服饰》，右图来源于收藏家王金华先生的藏品。

4. 常服袖式

嘉庆二十三年嘉庆帝谕："昨据礼部奏，八月二十三日，世宗宪皇帝忌辰，在夕月坛斋戒期内，应用常服。如值天、地、宗社大祀斋戒期内，自应一律改用常服，以昭致敬。"根据礼仪程度，常服穿用于一般性较正式场合，服用方式为常服袍套穿常服褂，也可单穿常服袍。女子常服褂形制为圆领对襟平袖，衣长过膝，仅后中摆开裾；常服袍为圆领右衽大襟，袖口接马蹄袖，左右开裾。文献和实物史料表明，常服袍与吉服袍形制基本相同，只是马蹄形接袖在常服中利用本色面料，而朝服和吉服的马蹄形接袖有各种袖缘袖襕章制。从常服袍通身的暗花可见，其装饰低调素雅。故宫藏品中有一件较特殊的光绪时期常服袍，其腋下弧度与袖口同宽约为24.5cm，袍身和袖身平直而收窄，下摆宽仅72cm。这可能是由于在晚清西方文化的引进，女子在平权思想的影响下而流行束胸的着装。由实物图像可以看到袖袼点升高，其胸围、下摆和腋袖全面收紧。马蹄袖没有翘起而与肩线平直，袖口的马蹄形曲线在服饰中还保留着一丝满人的印迹。如此体现当时的社会氛围，从满退汉进的袖式便能看出这种社会氛围所预示的一个新时代的到来（图4-7）。

图4-7　光绪月白泰西纱常服袍[1]

---

1 来源：《清宫服饰图典》。

5.便服袖式

便服在《大清会典》中并无相关记载，也正因如此，不受过高的礼法约束而表现出更加本真而生动的满人贵妇生活图景。但这并不意味着没有礼制，而恰恰通过满汉文化融合，通过便服创造了一种全新的满人"礼教"。晚清便服种类包含便袍、衬衣、氅衣、马褂、坎肩、褂襕、袄、裤等，从称谓看已形成满汉混制。便服在清早期承满族旧制，晚清时因满人逐渐适应中原地区温暖的气候和闲适的生活节奏，加速了与汉族服饰的融合，出现了衬衣、氅衣的新制式。尤其是氅衣，款式丰富，纹饰绣工精湛，在宫廷后妃中尤为流行。表现在形制上，便是宽袍大袖取代窄身马蹄袖，袖制有长有短，有平直形，收口形和倒大袖形也同时存在。在不同廓形的基础上又出现了最具时代特征的舒袖和挽袖。挽袖可挽一次或多次，以呈现袖口上层层搭叠的饰边，既彰显富贵又充满满汉联姻的文化符号，为民初旗袍辉煌的到来奠定了基础。但无论怎么变化，晚清女子袍服的"十字型平面结构"中华系统没有改变。

三、满汉袖制的融合

1.马蹄袖从尚用到尚礼的满俗汉制

清代礼服袖口镶嵌马蹄袖自乾隆成定制，而便服没有，可见马蹄袖是清代满族服饰尚礼的重要标志。为何马蹄袖从功用转为礼制符号？清入关前的满族传统服饰为窄衣窄袖，这种形制与满族源起东北部寒地的自然环境和狩猎骑射的生活方式有很大关系。胸围小袖口窄可以减少衣服与身体之间的空隙，利于保暖；下摆大且有开衩利于骑马打猎，活动方便；马蹄袖可在骑行时翻下保护手部，避免寒风侵袭。清入关后，政治、经济逐渐安定、社会富足，为了不忘祖俗，马蹄袖也就成了摆设，不过也为绥建服制宣示优等民族福慧找到了理由。清中期以后，奢靡之风渐起，服饰开始由朴素转向奢华，康乾盛世之后，马蹄袖骑射御寒的功能彻底转化为礼仪标志。"乾、嘉间，江、浙犹尚朴素，子弟得乡举，始着绸缎衣服。至道光，则男子皆轻裘，女子皆锦绣矣"。[1]关内气候温暖，满族不需再以骑射为生或大规模地开拓疆土。木兰秋狝曾是乾隆皇帝为了让臣民勿废武艺与接待蒙古贵族来访而建的一种实战大阅制，盛行乾、嘉时期的木兰围场活动，后因劳民伤财被道光帝废止，骑射活动不再被重视。"马蹄袖者，开衩袍之袖也。以形如马蹄，故名。男子及八旗之妇女皆有之。致敬礼时，必放下"[2]，便成为行仪标识。马蹄袖的满语叫作"哇哈"，虽然由于骑射习俗渐废导致马蹄袖的功用性减弱使其在平常衣服中出现不多甚至消失，但有身份地位、礼数周全的满人依然会镶嵌，行全礼或半礼时须将马蹄袖放下，此为"放哇哈"。马蹄袖成为用于行礼的装置更加确切地证明马蹄袖从功用到尚礼的转变，就是晚清"龙吞口"的出现。它是马蹄袖与袖身分离，制成马蹄状的套袖，当官员着平袖口袍服将龙吞口套在袖口上当作礼服服用，或表示富贵。总之，马蹄袖在满人看来是行礼或富贵的符号（图4-8）。

满族作为少数民族统治者往往归因于文化优越论，入关伊始推行本民族文化，作为政治手段以别顺逆，其结果往往是以冰致蝇。随着政局的稳定、

---

1 徐珂：《清稗类钞》，中华书局，1986，第6186页。
2 同上书，第6201页。

图4-8　龙吞口
（来源：何志华藏）

地域的扩充和人群分布的杂居，不可避免地在一定程度上吸收了其他民族先进的文化。由于深厚汉文化始终没有失去主流地位，其便成为主要的影响因素。因此，剖析满族女子服饰袖制的内在结构和工艺，对这个时代服饰文化的易制现象可寻找实证的依据。不仅如此，对易制过程中各自民族基因仍得到保留的物质形态呈现，无疑具有文献价值。如马蹄袖从尚用到尚礼的转变，形成了不同于前朝侈袂尚礼寡袂尚用的汉统服制，而十字型平面结构的中华系统并没有改变，这正是多元一体文化特质的生动体现。服饰作为思想的物化表征，体现出时下的社会背景，此时"满退汉进"已成大趋势，加速了满族与汉族文化的相互融合，女子服饰便是"春江水暖鸭先知"。刚进入晚清的道光年间，就流行一种袖身宽大平直却带有马蹄形袖缘的女子吉服（见图4-6），马蹄袖与窄袖口的搭配本作为一种固有的礼仪规制，然而这种结构却打破了本有的平衡，形成寻求与汉文化融合的杂糅形制。这与其说是杂糅不如说是借鉴，满清统治下的礼服尚且如此，也就能理解便服在不受规矩束缚的影响下与汉俗的融合已成了你中有我、我中有你的一种共荣现象，挽袖和错襟最为经典。

2. 从汉人的挽袖到满人的挽袖

"采服冠顶……服用龙袍色尚黄裾四启备十二章施五采襟袂龙文青绮缘以金花青缯。"[1]其中"裾四"为下摆前后左右四开衩，本是便于骑射的功用而成为等级最高的礼服标签，"裾四"高于"裾二"的礼制也在清典章中制定，同马蹄袖一样由实用转为礼仪规制，这就是制同形异"满俗汉制"的智慧。因此，在满族的氅衣、衬衣便服中是不会出现马蹄袖和四裾形制的，从大量的晚清满族妇女图像史料和收藏家提供的实物研究中也得到证实。取而代之的是逐渐融入汉制加宽的舒袖和挽袖，虽然它们礼仪级别要低于马蹄袖，但像十八镶滚、重复挽袖等娇饰远远大于汉服，这种粉饰的样貌或许表现出晚清统治者的焦虑，实物的呈现是个真实的注脚。

便服在清典章中没有记载，只能从传世的服装标本或其他学者研究的成果中作一归纳。满族妇女服饰的袖子在晚清时呈现宽大的趋势，宽大程度与汉族女袖几乎没有区别。红色缂丝牡丹瓜瓞绵绵纹氅衣是个标志性样本，它是满清贵族女子便服，在清后期才出现，成为后宫嫔妃服饰的典型风格。标本通袖长190.2cm，衣长142.3cm，胸宽75.4cm，袖宽45cm，下摆宽113.9cm，衣身底摆上翘11.1cm。这些数据说明，晚清满族氅衣的胸宽和袖宽均有增加，松量和结构特征接近汉族服饰，为直身式结构，与早清胸窄摆宽的梯型结构相差较大。从标本的结构研究发现满从汉制的痕迹明显，标本袖宽与汉族袖宽表面上看没有什么区别，但通过对袖子结构的细节研究发现与众不同，袖子的原本宽度为38cm，在不破坏原本面料的情况下，后期在腋下至袖口拼接了7cm的布条以加宽袖子，这或许有更多的想象，但有一点是可以确信的，就是晚清满服追求汉制已成不可阻挡的趋势，这个标本可谓改满俗为汉制的力证。值得研究的是，此并非个例，在晚清吉服中亦有发现。由于技术的原因"增袖拼接"更适合在舒袖结构中补拼，且独立于其结构之外，因此，"增袖拼接"现象并未影响晚清妇女舒袖和挽袖娇饰的繁荣（图4-9）。

---

1 张岱年：《大清五朝会典第十册》，线装书局，2006，第219页。

110　　满族服饰研究：满族服饰结构与形制

图4-9 红色缂丝牡丹瓜瓞绵绵纹舒袖氅衣的"增袖拼接"结构
（来源：王金华藏）

　　从《清宫后妃氅衣图典》的注录和王金华先生收藏的传世品中，梳理部分晚清满汉女子便服样本，提取其袖子的形制，通过舒袖和挽袖的分类整理，尚未发现满服有"袖胡"现象，可见"袖胡"是区别满汉服饰的一个重要实证。满服中舒袖的形制长短不一，标本中道光、咸丰时期仍是单一的直筒型，长至肘或过手腕，挽袖口缘边或衬里有镶边，镶边在衬里时可作折叠一次的挽袖穿着（图4-10）。至光绪时期，外形变化丰富，有长、短、收口和倒大袖形式。挽袖的形制和装饰程度到了晚清逐渐复杂，以翻折的规制和次数解析晚清满族女子服饰袖式的演变过程，或改变我们惯常的判断。一折痕的挽袖通常为袖口在衬里有镶边的舒袖形制，翻折一次可以看见袖内镶边，这种形制可视为可舒可挽，且在整个清后期均有出现，可见舒袖和挽袖初期并无严格界限，或挽袖本就由舒袖发展而来。同治时期又增加了一道翻折线，从标本观察为两次折痕的挽袖。袖口外缘有镶边，内接是与通身衬里不同的，有绣纹的衬里缘边，翻折两次后可以看见精致挽袖的衬里缘边和袖口外的镶边，同治以后仍然普遍使用这种双折挽袖（图4-11）。在采集标本数据的过程中，发现还有一种形制效果看似与两次挽袖相同，其实是在袖端拼接的"假"挽，可见晚清丰富的挽袖看似相同的结构却隐藏了不同的工艺方式。目前所收集的标本图像文献中，同治时期还发现一例在袖子翻折两次的状态下，袖口内壁再接出两层绣工精致的假袖，视觉上有三层衣袖搭叠的内外衣套装效果。光绪时期这种双折挽袖愈加盛行，翻折两次的袖子内再接一层绣工精致的内袖缘，看似有三层袖子套穿的效果，也有部分内接两层，此种复杂的挽袖形制相比同治时期，光绪时期更为普遍（图4-12）。由此可见，清晚期闲适的生活，催生出用挽袖的娇饰表达便服的非富即贵，事实上满人统治的清王朝，在环境、政治、经济等从不缺少汉文化的影响下，到晚清与其说是被汉化，不如说是汉被满化了。满人把挽袖从汉人那里继承下来，挽袖被发扬光大，其装饰风格走向了精致繁复而不断向外追求浮华，与清早期满俗的朴素风格产生强烈的对比，如此成系统的挽袖文化，甚至认为它本就是满人固有的传统，马蹄袖被反复异化的结构。

"同、光间，男女衣服尚宽博，袖广至一尺有余。及经光绪甲午、庚子之役，外患迭乘，朝政变更，衣饰起居，因而皆改革旧制，短袍窄袖，好为武装，新奇自喜，自是而日益加甚矣。"[1]由文献和实物得到互证，同治、光绪年间袖子尚宽博，繁华却掩盖着国衰的现实。虽然清末新政有所推动，但西洋势力的入侵使妇女的思想发生了变化，人们开始追求男女平权，衣着倾向于彰显人性。原本吸收了汉族文化的满族服饰，出现了所谓"束胸窄袖"的形制，在宽袍大袖的基础上，有意识地窄化袖子和衣身，腰侧有轻微的弧线。此时的窄衣窄袖并非回归满族御寒骑射的传统，而是平权思想在服装发展中一次民主、自由、科学的伟大实践，旗袍就是这一伟大实践的缩影，也是中华民族文化融合的满汉范式。

---

1 徐珂：《清稗类钞》，中华书局，1986，第6201页。

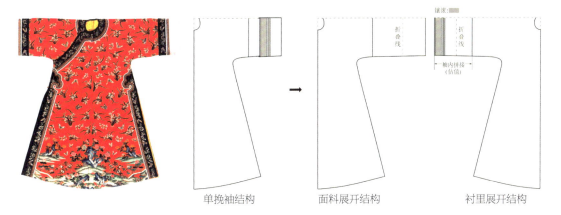

单挽袖结构   面料展开结构   衬里展开结构

图4-10　清咸丰桃红缂丝丛兰纹棉氅衣一次挽袖结构[1]

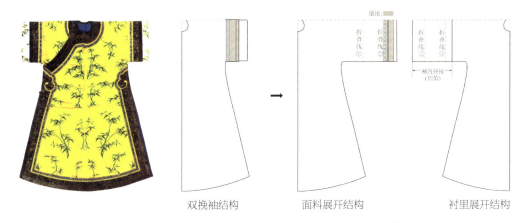

双挽袖结构   面料展开结构   衬里展开结构

图4-11　清同治明黄缂丝竹枝纹棉氅衣二次挽袖结构[2]

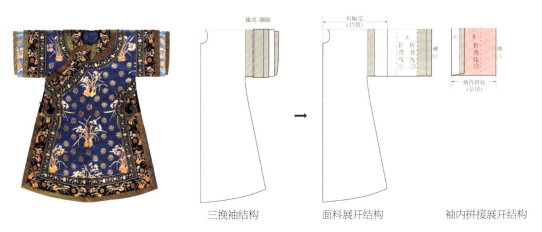

三挽袖结构   面料展开结构   袖内拼接展开结构

图4-12　清光绪品月缎平金银绣水仙团寿字纹单氅衣三次挽袖结构[3]

1　来源：《清宫后妃氅衣图典》。
2　同上。
3　同上。

四、本章小结

  系统梳理中国清朝以前的历代袖制，基本可以归为表礼制大袖便于活动窄袖的侈袂尚礼寡袂尚用汉制系统。满族人关推行以本族文化治国，却一开始就厘定了汉统的冠服制度，可见汉文化的先进性更适合治理大国。这一方面反映在袖制上，就是以本族马蹄袖代替宽袖成为礼服，至晚清却逐渐增宽；另一方面体现在晚清满族女子便服上，袖改宽制以便有更大的区域继续发展民族大融合，以制同形异的"满俗汉制"的智慧呈现帝制的最后辉煌，当它走向娇饰，也就预示着这种辉煌的结束。剖析袖制，可以从局部认识整体，揭开晚清服饰文化的历史走向，以及这个特殊时代满汉文化融合的物质形态。

第五章

晚清满汉女子

服饰标本研究

与襟制

《释名》曰："襟，禁也，交于前所以禁御风寒也。亦作衿。"襟，古代指衣的交领，后指衣的前幅，是与领相连的重要装置。清代满族女子着袍、褂，分别对应圆领右衽大襟和圆领对襟的形制。然而真正的圆领大襟在清之前并未出现，一些学者认为，明代圆领（官）袍就是圆领右衽大襟形制，实际上这是误解，明圆领袍准确的表述应为盘领袍，这种典型的官袍形制早在唐朝就定型了，明朝成官袍定制。清代的圆领大襟是否由此发展而来还有待研究，但可以肯定的是，它自后金开始形成，逐渐成熟并衍生出诸多变化[1]，在女装中这种变化还体现在领、襟缘边的装饰工艺上。清初，满族作为北方少数民族弃左衽以右衽治国，结合汉制的交领、盘领形成圆领大襟的新形制为清帝国标志，政治稳定、经济繁盛使物质生活富足，清朝贵族的服饰风格从早期的衣不重彩转向华贵之风，缘饰被敷张扬厉，最盛时期达到了十八镶十八滚。正是晚清缘饰的丰富，以错襟[2]为标志的满族妇属便服非富即贵是这一特殊时代[3]表征。然而错襟也是从汉人妇女基于工艺限制形成的错襟形制发扬光大。因此，就不难理解在晚清此结构为什么表现为"满奢汉寡、女用男不用、便用礼不用"[4]的面貌，这也在实物结构研究中得到印证。

1　圆领大襟，清早期从圆领方襟发展成圆领圆襟，中后期圆领圆襟被定型，并在女装中出现了斜襟、琵琶襟等，但无论如何盘领（盘襟）始终未出现过，特别是清中后期。

2　错襟：唐仁惠、刘瑞璞在《晚清满族服饰"错襟"意涵与匠作》一文中具体阐述了错襟的含义，错襟是随着大襟缘饰的出现而产生的，领缘绣片需要在前中破缝，并拼接襟缘绣片，拼接"对仗工整"的"顺襟"首先出现，之后错位对接的"错襟"才逐步产生，到晚清繁盛并演变出多种形式，且满奢汉寡。

3　特殊时代，是指晚清中国最后一个帝制的前夜，服饰的物质文化也表现出它的特殊性，繁复的错襟出现很具代表性。

4　《晚清满族服饰"错襟"意涵与匠作》一文中有，"……顺接就需要'对仗工整'，需要精湛的工艺和匠作，因此就有了'顺襟'：'礼'用'便'不用，男用女不用。在清朝统治时期，缘饰的流行（增加整衣的寿命）自然是'满盛汉随'"。

一、草绿色暗花绸团龙纹氅衣

1.草绿色暗花绸团龙纹氅衣形制特征

王金华先生提供的草绿色暗花绸团龙纹氅衣系晚清满族女子便服。标本单层无衬里，形制为圆领右衽大襟、挽袖、两侧开衩的直身式袍服。领缘中间拐弯处采用错襟工艺，实际上在晚清无论是氅衣还是衬衣的便服几乎都采用错襟，或许成为这个时代满族妇女特有的标志。下摆开衩处拴系鎏金铜扣共四粒。氅衣为绿色暗花绸，设色清新雅致，暗花主体纹饰为团龙纹，以斜线通身排布。领口、大襟、下摆缘饰花边三道，分别是石青素缎绦边、石青缎地蝶恋花纹绣片和白色蝶恋花织带。袖端在三道饰边的基础上，内端接白色缎地花卉纹绣片，挽袖时露出。这种雅致的经营和精湛的工艺设计可谓氅衣程式的范本，从错襟和挽袖结构的挖掘充满了鲜活的满人情致（图5-1）。

2.草绿色暗花绸团龙纹氅衣信息采集与结构图复原

草绿色暗花绸团龙纹氅衣无衬里主结构清晰可辨。通袖长172.4cm，由于两次换袖后钉缝在袖身上，挽袖后呈现的袖口宽约40cm，按挽袖折叠的顺序，袖口距离第一道折叠线约为30.5cm，距离第二道折叠线约为11.5cm。衣长为136.3cm，领口深和宽均为11.1cm，后领无凹量，从十字交点下落50cm左右的袍服横宽为69.4cm（34.7cm×2），相当于胸围线，每下落20cm的横宽分别是77.4cm、87.4cm、97.4cm。底摆横宽106cm，两侧有约8.6cm翘量。里襟衣长短于前中3.4cm。整体结构规整。由于标本无衬里，因此采用掩缝手法裹住毛边以求工整的工艺一览无余，但无法估测内扣的缝边，只尽可能对外露可触摸到的缝边作测量。衣身前后中和接袖缝为布边，故只留缝边0.5cm。领口绲边1.3cm，内贴边约11cm，大襟至下摆的内贴边宽约10cm，在内侧距离袖口约17cm处拼接宽约16cm的白色缎绣花卉纹的宽缘，挽袖后露出。由于无衬里的原因，可以直接观察到前后中线到接袖线之间的完整结构，之间距离约68.2cm，由此可推断布幅宽度（图5-2）。

图5-1-1 草绿色暗花绸团龙纹氅衣标本
（来源：王金华藏）

领缘与大襟缘细节

暗花绸团龙纹细节

挽袖缘细节

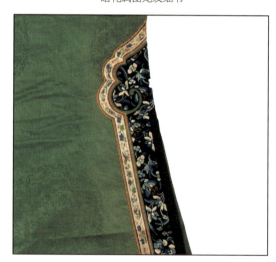

左侧开衩边饰细节

图5-1-2 草绿色暗花绸团龙纹氅衣细节

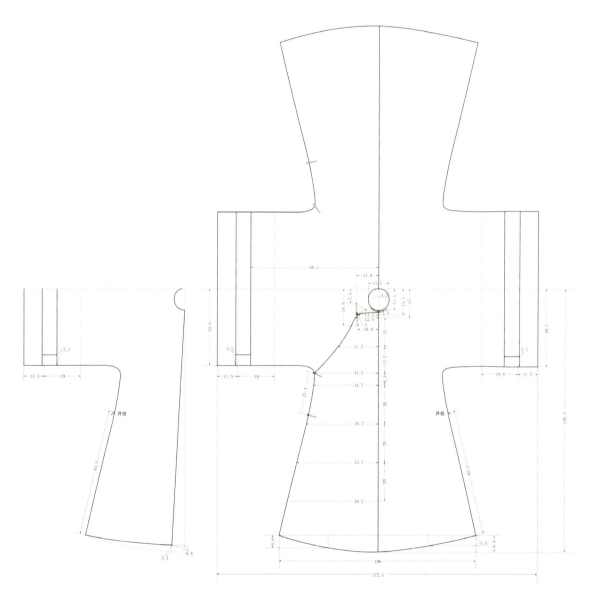

图5-2-1 草绿色暗花绸团龙纹氅衣主结构

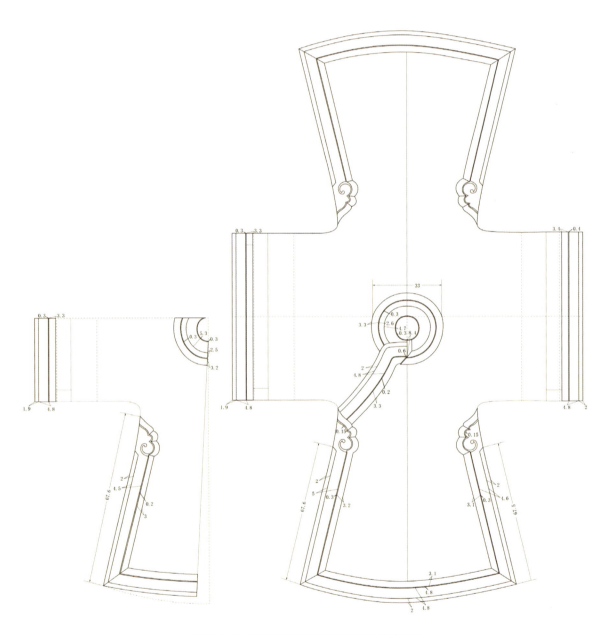

图5-2-2 草绿色暗花绸团龙纹氅衣饰边结构

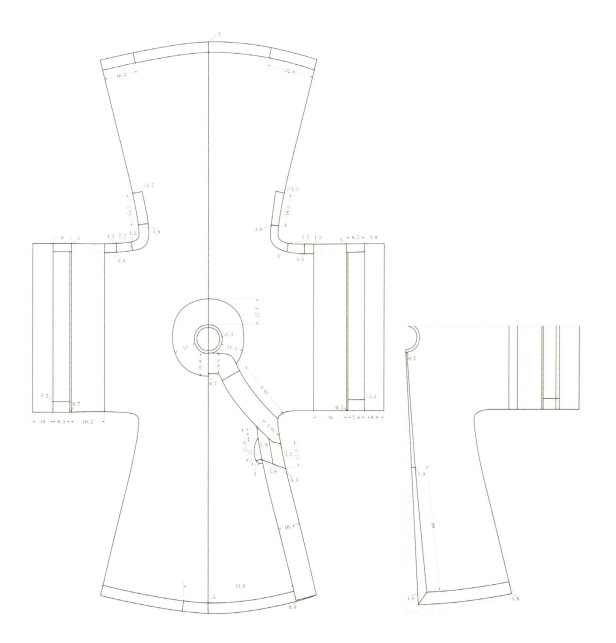

图5-2-3 草绿色暗花绸团龙纹氅衣内贴边结构

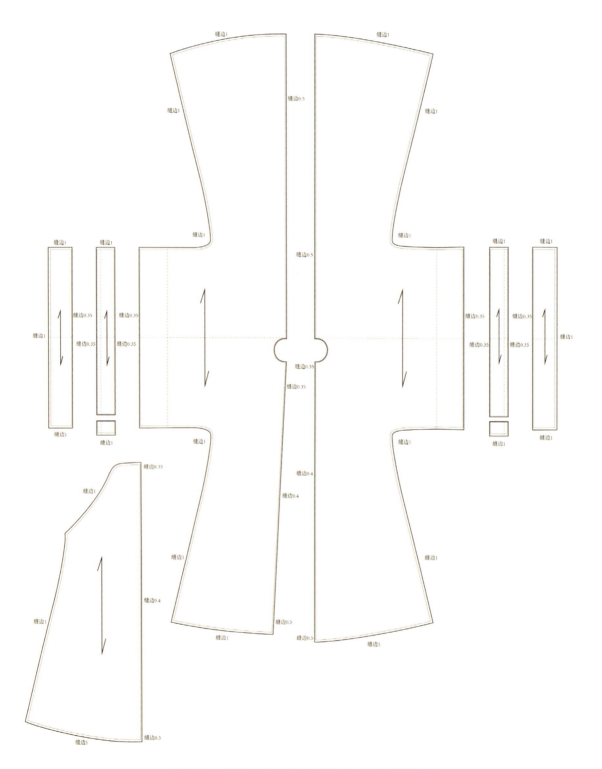

图5-2-4　草绿色暗花绸团龙纹氅衣主结构毛样复原

3.草绿色暗花绸团龙纹氅衣襟制结构

错襟在晚清成为满族妇女便服的典型特征，这会在《满族服饰研究》中通过"满族服饰错襟与礼制"专题进行系统分析与整理，这里只对其结构与形制关系进行探索。标本领缘、襟缘和摆缘从里到外分别是石青色缎绣蝶恋花绣片、石青色素缘和白色蝶恋花织带，唯襟缘窄于领缘并在前中与之错位对接，外沿镶边沿领缘至前中折拐向上是因为领缘后中无破缝，必在前中的宽缘位置提供作缝，大襟外沿以同样的缘边镶饰，整个镶边呈"Z"字形，谓之错襟。通过标本错襟工艺的复原证实了这种形制并非简单的时代风格，而是结构障碍促成的样式，其丰富的装饰性，只是被满人发扬光大了。180°的领缘绣片必在前中破缝，左领缘破口没有作缝与襟缘缝合，因此增加石青色的镶边沿宽缘整圈缝合，至前中处折拐向上时余出0.5cm用来遮蔽破口毛边，补正缺少的作缝。而右领缘破口与内贴边用少量的缝边内扣。由此可见错襟本身就具有加固领缘的作用，在此基础上发展出愈加复杂的组合方式，成为晚清满族妇女功用与美学结合的范式（图5-3）。

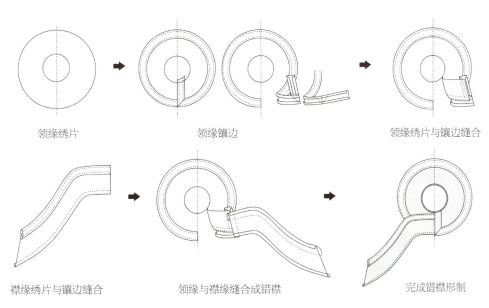

领缘绣片　　　　　　　　领缘镶边　　　　　　领缘绣片与镶边缝合

襟缘绣片与镶边缝合　　　领缘与襟缘缝合成错襟　　　完成错襟形制

图5-3　草绿色暗花绸团龙纹氅衣错襟结构与工艺复原

二、紫色漳缎富贵牡丹纹衬衣

1. 紫色漳缎富贵牡丹纹衬衣形制特征

　　紫色漳缎富贵牡丹纹衬衣系晚清满族女子便服，故可套装也可单穿，它和氅衣在形制上没有多大区别，只是无开衩，也是作为内衣的基本特征。标本形制为立领右衽大襟，舒袖直身袍。缘边繁复呈大错襟式样，系鎏金铜扣共六粒。衬衣为紫色缎地漳绒团寿牡丹纹，布局自然写实极富立体感，无论是质地、工艺还是纹饰的置陈设计，都是不可多得的惜物。漳缎，是一种缎地起绒花的独特丝绒制品，盛产于道光年间，制作过程是在桑蚕丝作经、棉纱作纬交织的组织结构，以桑蚕丝起绒，图案立体感明显。织造时每织四根绒线后织入一根起绒杆（细铁丝），织到一定长度时（20cm左右），在织机上用割刀沿起绒杆剖割，使起绒杆脱离织物形成立绒。立绒可根据纹样的设计使其有光泽地展示在缎面上。衬衣的领缘、襟缘、摆缘和袖缘饰边有八道，从里到外分别是两条万字纹织金带镶嵌白色缎绣牡丹纹饰边、石青缎绣万字纹地蝶恋花纹绣片，外两边饰花卉纹片金缘和石青素缎饰边。晚清在西洋文化的影响下，袍服整体有收窄的趋势，整体轮廓更显修长，腰身至下摆呈略微的曲线结构（图5-4）。

2. 紫色漳缎富贵牡丹纹衬衣信息采集与结构图复原

　　紫色漳缎富贵牡丹纹衬衣的主结构，通袖长153cm，从表面观察袖身无明显接缝线，估计应是被隐藏在繁复的饰边内，或是晚清工艺技术的进步使布幅增宽不需要接袖。衣长133cm，领口深9cm，后领凹量1.5cm，袖口宽约26cm。从横轴线下落26cm、38cm、47cm的区域内为胸腰尺寸，分别是52cm、49cm、49cm。下摆宽69cm，两侧有3.7cm翘量，里襟衣长短于前中4.5cm。这些数据说明该衬衣标本的收身明显，且出现胸腰的曲线特征，这在清中期前是不曾出现的。衬里结构工整，衣身前后中劈缝0.6cm，距离后领口18cm处有一道横宽31.3cm的捏褶缝，估计是为调整面与里契合所致，处理衬里是可以隐藏的。领口内贴边为1.2cm。袖身有接袖缝，左袖距离袖口25.5cm和7.5cm是拼接的白色接袖，右接袖是由13cm、12.5cm和7.5cm的白色拼布完成。这说明衬里接袖是由另类余料拼制而成，暗示着尽管作为富贵的漳缎衬衣并未丧失节俭传统，或许是儒家俭以养德教化在满汉同构中的实证（图5-5）。

图5-4-1 紫色漳缎富贵牡丹纹衬衣标本
（来源：王金华藏）

领缘与大襟缘细节

袖缘细节

漳缎富贵牡丹纹细节

图5-4-2 紫色漳缎富贵牡丹纹衬衣细节

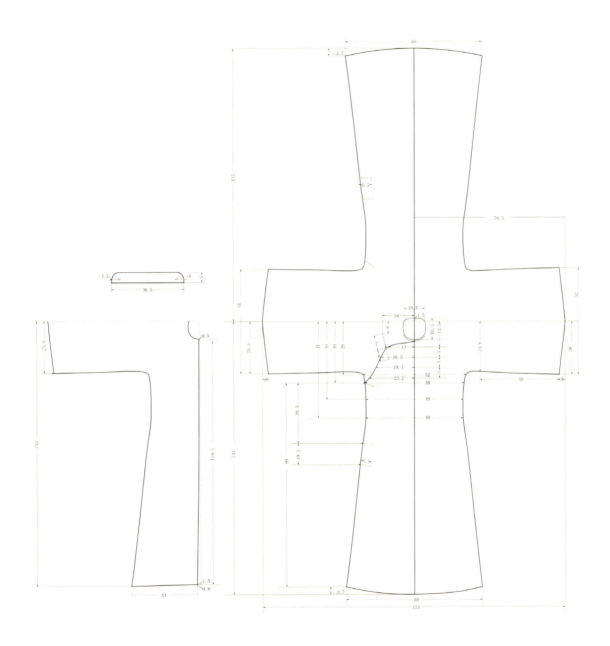

图5-5-1 紫色漳缎富贵牡丹纹衬衣主结构

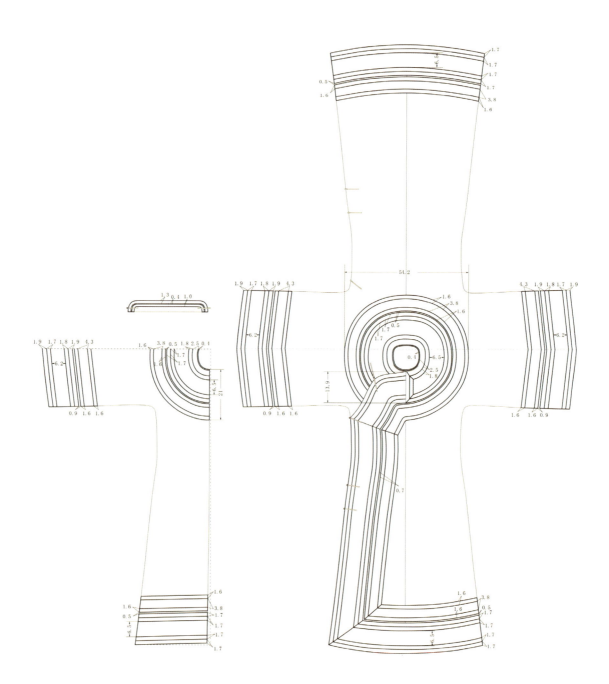

图5-5-2 紫色漳缎富贵牡丹纹衬衣饰边结构

 130 满族服饰研究：满族服饰结构与形制

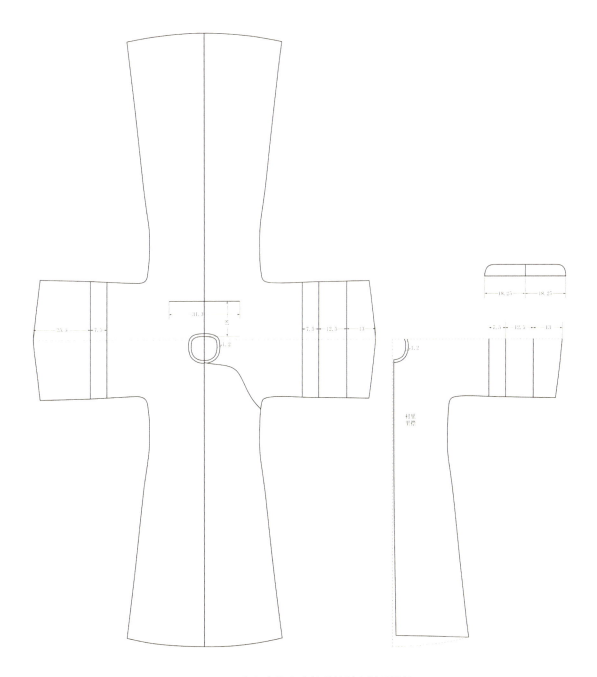

图5-5-3　紫色漳缎富贵牡丹纹衬衣衬里结构

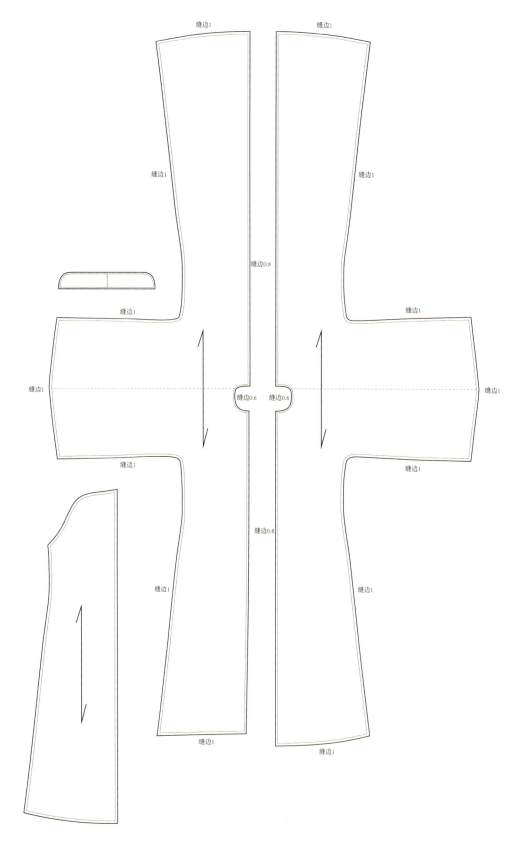

图5-5-4 紫色漳缎富贵牡丹纹衬衣主结构毛样复原

3. 紫色漳缎富贵牡丹纹衬衣襟制结构

此标本为繁复错襟的代表作，多达九条饰边[1]。按照风格趣味施用材料、工艺、尺寸各不相同。该标本从里到外的顺序，饰边的宽度分别是0.4cm（绲边）、2.5cm、1.8cm、6.5cm、1.7cm、1.7cm、1.6cm、3.8cm和1.6cm，领缘所形成的直径可达54.2cm，穿在身上，其饰边宽度已超越人体肩膀的宽度而下垂，襟缘的饰边几乎占据了整幅大襟，与领缘形成错襟并工整对接（见图5-5-2）。领缘饰边在前中破缝后，左领缘破口没有作缝与襟缘缝合，因此增加领口宽缘石青绣片的内外饰双层镶边，以前中领缘内侧为起点，沿领圈至前中折拐向下并余出0.5cm用来遮蔽毛边补正缺少的作缝。外沿石青绣片以相同的轨迹行走一圈至前中领缘外侧，大襟从领口至腋下止点以同样的缘边镶饰，整个镶边呈双层重叠的大"Z"字形。底襟中点领缘破口距离前中0.5cm作为饰边向内扣缝的缝份。虽然此标本饰边工艺复杂，但通过对结构的剖析，发现与单纯的错襟结构并没有什么不同，只是在其基础上加饰而已。实际上繁复错襟使留足缝边的空间更大，又增加了耐看的装饰效果，当然也丰富了工艺，可见晚清时期裁缝匠作的工艺技术已又一次走向高峰（图5-6）。

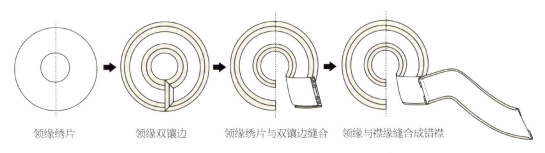

领缘绣片　　　　领缘双镶边　　领缘绣片与双镶边缝合　　领缘与襟缘缝合成错襟

图5-6　紫色漳缎富贵牡丹纹衬衣错襟结构与工艺复原

1　领襟缘九条饰边，比其他缘边多了一个在立领和领口之间的绲条，也是清末立领袍（褂）服表达精致工艺的标志。

三、石青色缎绣蝶恋花袄

1.石青色缎绣蝶恋花袄形制特征

收藏家王金华先生收藏的石青色缎绣蝶恋花袄，系典型的晚清汉族女子便服，选择此标本是便于与同时期的满族妇女便服的比较研究。标本形制为圆领右衽大襟，舒袖直身袄，从领口、大襟拐弯处至腋下系鎏金铜扣四粒，它与满族的氅衣、衬衣便服最大的区别为短衣，通常配马面裙，襦裙由此而来。女袄为石青色缎地，主体纹饰为蝶恋花，呈八团蝶恋牡丹纹，地间左右分布对称的蝴蝶、牡丹等，纹样布局规整，下摆设海水江崖纹。领口缘饰花边三道，从里到外分别是石青色缎地蝶恋牡丹绣片、石青色素缎镶边和蓝色花卉纹织带。袖口以石青色缎地蝶恋牡丹织带嵌入，袖口接有宽缘蓝色缎地织金牡丹万字纹绣片，织金牡丹万字纹只占绣片的六成，且后满前空，并在前空位有绣章纹。这是汉人独有的袖缘纹章规制，以示女德修养，即妇属正襟危坐必两掌合十，只显有后袖缘绣作以彰妇道。而这在满服中是没有的，即使有也只是照搬而已，其动机也并非如此（5-7）。

图5-7-1　石青色缎绣蝶恋花袄标本

（来源：王金华藏）

领缘与大襟缘细节　　　　　　　　　　前袖缘细节

蝶恋花团纹细节　　　　　　　　　　后袖缘细节

图5-7-2　石青色缎绣蝶恋花袄细节

2.石青色缎绣蝶恋花袄信息采集与结构图复原

在结构上汉制石青色缎绣蝶恋花袄与满族的氅衣、衬衣没有什么区别，它们都坚持十字型平面结构的中华系统。通过对标本的主结构、衬里结构、饰边、内贴边等进行的全数据信息采集，绘制，结构图呈十字型平面结构的典型特征。标本通袖长149.2cm，十字交点与袖中的接缝线距离为36.8cm。袖缘内外连裁，总饰宽约17.5cm，外露12.5cm，折入袖内5cm，在设定的后袖缘位置绣织金牡丹万字纹。从横轴线下落45.3cm处横宽（胸宽）约为70cm。下摆前后宽度有微小的差异，前摆宽90.8cm，后摆宽91.5cm，应为结构性误差，是正常合理的。两侧有约7.5cm的翘量，衣摆前后左右均有宽约10cm的拼角，这正是由于节俭而整幅使用面料的结果。衣长110cm，领口深9.5cm，后领凹量0.5cm，袖口宽约43cm，里襟衣长短于前中7cm。衬里结构左右几乎对称，领口内贴边1.2cm，接袖部分由另布拼接而成，十字交点距离接袖线43cm，对应的下摆均出现了宽约2.5cm的拼角，这些数据说明，衬里和面料一样也是采用整幅裁剪以达到材料使用的最大化，衬里比面料的拼角尺寸小，说明衬里的幅宽更大，这可谓"布幅决定结构形态"敬物尚俭中华传统的生动实证。当然这在满族服饰中也被继承着，因为它们都恪守着十字型平面结构的中华系统（图5-8）。

136　　满族服饰研究：满族服饰结构与形制

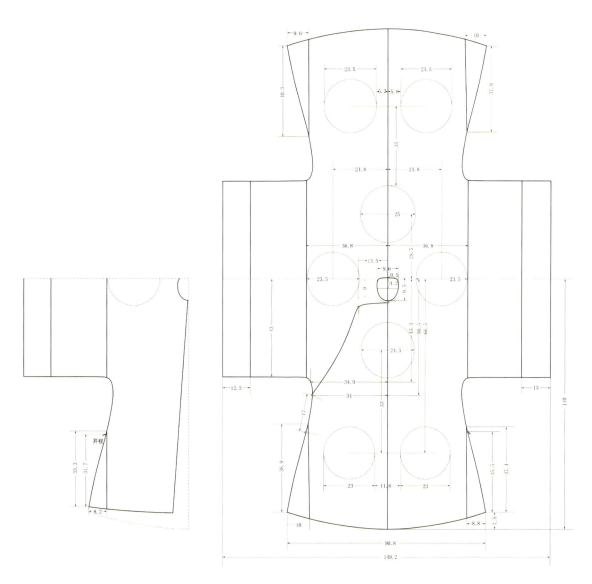

图5-8-1　石青色缎绣蝶恋花袄主结构

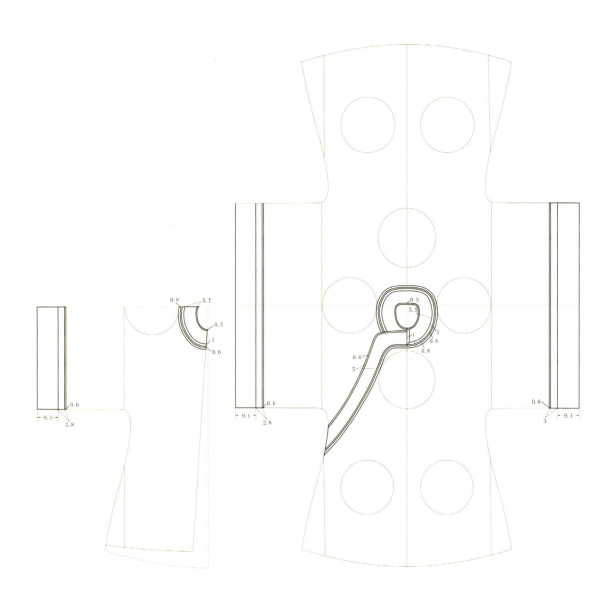

图5-8-2 石青色缎绣蝶恋花袄饰边结构

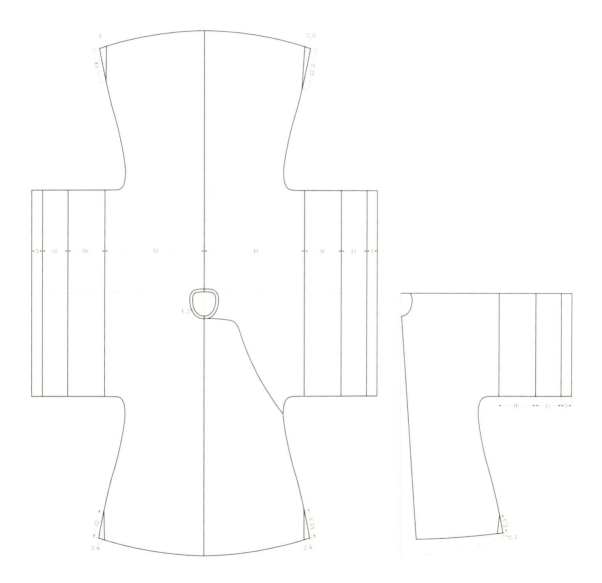

图5-8-3 石青色缎绣蝶恋花袄衬里结构

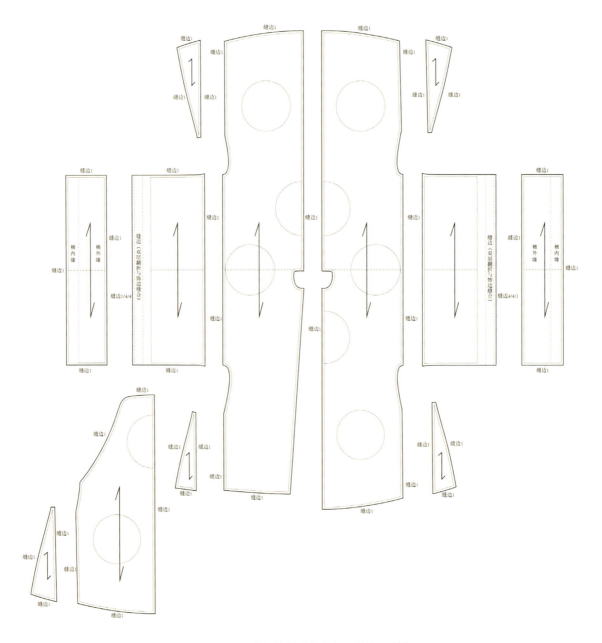

图5-8-4 石青色缎绣蝶恋花袄主结构毛样复原

3.石青色缎绣蝶恋花袄襟制结构

石青色缎绣蝶恋花袄的错襟形制是这个时代女装的典型特征，它与满族妇女的氅衣、衬衣等便服没有什么不同，只是满族更显娇饰，汉族则只表明结构缺陷的解决方案，由此也可以钩稽错襟源于汉盛于满的事实。此女袄的领、襟缘共有四条饰边，按照从里到外的顺序，饰边的宽度分别是0.5m、5.5cm、1cm、0.8cm，最宽（5.5cm）的绣片工艺为精致的三蓝绣[1]。标本的错襟结构与工艺几乎与本章中满族的草绿色暗花绸团龙纹氅衣（见图5-1和图5-3）相同。在所见到的晚清袍、褂、袄中，满族女子的缘饰结构复杂形式自有解读，而在汉族妇襦中，更像是符号化的表征，形式反映得更加真实客观，这可能与宫廷技艺服务于贵族的满人优越观相适应。贵者多章制，匠作更可能尽善尽美地在享受优越中变化，而汉族则安于固守传统求生存，也就创造出在理性中求变的汉人错襟的格物致知精神（图5-9）。

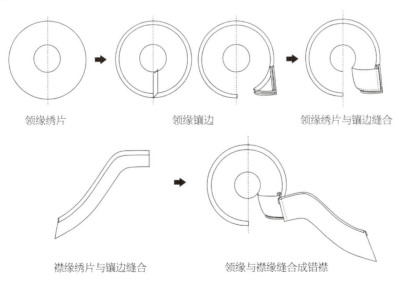

领缘绣片　　　　　　　　领缘镶边　　　　　领缘绣片与镶边缝合

襟缘绣片与镶边缝合　　　　　领缘与襟缘缝合成错襟

图5-9　石青色缎绣蝶恋花袄错襟结构与工艺复原

---

1 三蓝绣，又称为"全三蓝"，是采用多种深浅不同的蓝色绣线渐进搭配来进行刺绣，也会搭配少量其他颜色，又称"三蓝加彩"，还有"三绿""三红""三黄"绣等，但蓝色调始终占主导地位。"三"只是象征性地表示数量，有时多达十几种颜色。清末苏绣皇后沈寿所著《雪宧绣谱》中说到，普通的三蓝绣品只需要三、四种蓝色便足够了，但越是精致的绣品，所用蓝色也越多。据传三蓝绣是受青花瓷器影响而产生，本由清代苏绣发展而来，随着苏绣地位的日益提高，此技法也纳入到宫廷刺绣中。

四、本章小结

　　从满汉女装三个便服标本襟制结构的研究发现，错襟呈现源于汉盛于满的事实。早在孔子时代，就用"披发左衽"划定了汉胡区别，这种宣示文明与野蛮的标签同样有汉人优越观念的嫌疑，也一直对后世影响深远。因此中国历史实为胡汉迭代的历史，胡人政权都不约而同地将左衽改成右衽，以宣示正统。清初满人入主中原后主流服制就已经完全执行了右衽制，事实上满族先民也是采用左衽，这可上溯到蒙元时代。这种放弃族属传统，与其说是数典忘祖，不如说是他山攻错。因为各民族不同衽式的功用，当它上升为各民族都认同的一种衽式，才构成制度文明，也才有可能成为民族的文明基因被坚守传承下去。错襟源于汉盛于满的发展机制，或许正是践行中华民族从左右衽共治到右衽一统的满族范式。

第六章

衽式与襟制
的满汉融合

一、衽式之变与民族融合

历代服制嬗变，以物质形态演绎着的华夏文明在历史长河中蜿蜒漫漫，左衽、右衽、左右衽共治，至清代走到了终点，满族服饰的文化贡献，或谱写了一个中华民族融合的生动音符。自古以来，汉制为右衽，包括满族在内的胡蛮为左衽，进入少数民族统治时代就出现左右衽共治的现象。然而到了清代，右衽是华统定制的集大成者。衽式本指上古交领拥掩的方向。衽，一定存在襟式交叠的方向，在固有的认知范围内，通常左襟压右襟称右衽，视为汉俗，反之为左衽，是少数民族的服饰标志。历代汉族政权统治时期以右衽为主，鲜有左衽；少数民族统治时期则左右衽共治如北魏蒙元，清朝满族作为少数民族入主中原却完全放弃了本民族的左衽，以右衽统治并成定制。这种独特的文化现象，始终伴随着中华民族的文化交流与融合，而呈现出多元一体的中华服制，髻发右衽上衣下裳。然而从先秦的交领深衣、汉唐的交领垂胡、宋明的盘领褒带到清代的圆领蹄袍都出现了左右衽共治终归右衽却有史无据。

1.“衣”出左衽

《论语·宪问》：“微管仲，吾其被发左衽矣。”[1]先秦时期尚周礼以右衽为贵，左衽则被看作是落后的装束。这种观念在后期随着战争的频发、朝代的更替、民族的迁移等因素，也在进行着一场长达千年的博弈，最终由清代以右衽一统多民族的共同基因而划上了句号。右衽贵于左衽的观念并非凭空产生。原始社会资源匮乏，行为或事物处于创造的初期阶段，如服饰以树叶、皮毛裹身，仅具保护身体遮着的作用。服饰的形制往往是从简陋走向文明，纺织技术使布料走进生活。出于生存的本能，最初只在布的靠中心位置做一可以套头的洞，垂下来的布摆覆盖身体，这就是人类初始的“贯首衣[2]”。当学会破前缝为褚时，衣襟可左右互搭，便是衽式的初始状态。然而对襟并不能完

---

1 子贡曰：“管仲非仁者与？桓公杀公子纠，不能死，又相之。”子曰：“管仲相桓公霸诸侯，一匡天下，民到于今受其赐。微管仲，吾其被发左衽矣。岂若匹夫匹妇之为谅也，自经于沟渎而莫之知也。”以上这段文字出自《论语·宪问》。其中“微管仲，吾其被发左衽矣”，含义直译为如果没有管仲的话，恐怕我们都要披散着头发、穿着左边开口的夷狄之ु了吧。结合当时背景，由于管仲辅佐齐桓公成功抵御了当时某些北方民族对中原地区的侵扰，同时也避免了北方民族被发左衽习俗的影响，可见衣冠在孔子心中占着十分重要的地位。
2 贯首衣，《中国少数民族服饰》中写道：“贯首衣被认为是服装发展史上一种比较古老的款式结构。贯首衣的上衣是由一块整布折成衣胸、衣背两片，在对折处剪开成为领孔，或将两块布织缝连成衣。其特点是穿着时套头而下。”

全地保护身体，硬性拉扯对襟左右搭叠无"礼"可言且会抑制人体活动，但在
蛮荒时代也是自然的，如在西南民族粗衣中亦保持着这种结构形态。文明的进
步意识到对襟两侧接另外一幅面料从而使有足够宽的衣襟左右互搭，可见衽式
最初可能是天性和习惯使然，为了保护身体而完善的，或是贯首衣进化的结构
形制。至于具体在何时形成，无从考证，但可以肯定的是衽制是从善用到尚礼
的过程，就像是人类右手习惯总是多于左手而成"制度"一样。在长期采集、
狩猎的劳动中，形成个体或群体的习惯发现左衽更方便便多用左衽，或成游猎
民族的服俗。当率先定居下来的农耕民族，为适应农作劳动，觉得右衽会更方
便。这种衽式改变并无特殊意义，也无礼制可言，更无尊卑之分（图6-1）。

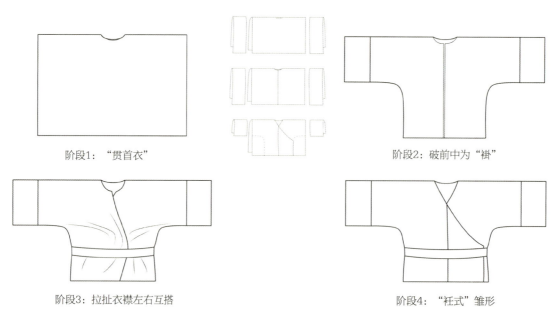

阶段1："贯首衣" 阶段2：破前中为"褠"

阶段3：拉扯衣襟左右互搭 阶段4："衽式"雏形

图6-1 "衽制"从善用到尚礼过程

《礼记·王制》[1]云："中国夷狄五方之民，皆有性也，不可推移。东方曰夷，被发文身，有不火食者矣；南方曰蛮，雕题交趾，有不火食者矣；西方曰戎，被发衣皮，有不粒食者矣；北方曰狄，衣羽毛穴居，有不粒食者矣。中国夷蛮戎狄，皆有安居，和味，宜服，利用，备器，五方之民，语言不通，嗜欲不同。"早在先秦时期，迁入中原的夷蛮戎狄与汉族融合（当然有战争也有贸易），统称为华夏子民。适宜的气候和肥沃的土壤使农耕的收获显然稳定于以狩猎为生的，从此华夏文明的农耕时代开启。当农耕文明使上层建筑有了稳妥的物质基础，精神的追求呼之欲出，这首先造就了这部分人群族种的先进性。显然，右衽更适合于农耕劳作的右手习惯，也有贴身置物的功能，这种从游牧到定居生活方式的转变使右衽成为一种约定俗成的规则。对于先进者而言，这样的服饰规则标志着他们的社会活动与外族有本质上的不同，即野蛮与文明，游牧与农耕。汉族也是从野蛮到文明、游牧到农耕发展而来，这意味着衽式的汉制也是从左衽到右衽的发展过程。从汉字"衣"的结构衍进中也能释读出衽式的祖制，"衣"的象形基本结构始终没有改变过，从殷商的甲骨文、周代的金文、到秦的小篆，"衣"字的写法都是左衽的真实写照，虽然左、右衽无定制，甚至左衽居多[2]，至少可以佐证以右衽为主导的先秦，左衽并没有消失。从商朝的冕服制度可见，服饰的礼制之崇右衽成为不可撼动的制度。相较于游牧民族还处于原始的生活方式，中原的尊卑观念已被制度化，此时右衽服饰流行于帝王、官员、贵族以及创制这类礼制文化的文人和传播者的着装中。因此，左衽的兴起取决于少数民族的统治，因为从更多的考古新发现来看，它的实力完全可以与中原王朝抗衡，如同时期的三星堆古蜀王朝仍是以"左衽"统治国家的，且并非孤例（图6-2）。

1　《礼记·王制》，内容涉及封国、职官、爵禄、祭祀、葬丧、刑罚、建立成邑、选拔官吏以及学校教育等方面的制度。其中《王制》是较早对国家法律制度进行阐述的篇章之一，为我国古代君主治理国家的规章制度。
2　王统斌：《历代汉族左衽服装流变探究及其启示》，博士学位论文，江南大学，2011，第13页。

图6-2 三星堆左衽衣冠大立人铜像[1]

2. 从左右衽的博弈到定制

中国古代服装左右衽制式始终存在并互相交流，以朝代的更迭、战争和迁徙为线索发生着改制和衽式博弈。秦、汉时期皆为汉统右衽，东汉末年战火不断，拉开了魏晋南北朝左右衽共治的序幕。魏、蜀、吴三足鼎立，战争的频发使汉民南迁，南匈奴首领归附于曹操并被其带入中原后，左衽也得到广泛流传，此为战争以及人口的迁徙造成了局部左衽服制的传播。南北朝少数民族政权，比起本族的服饰，统治阶层更醉心于汉人的服章礼仪。北魏孝文帝，以汉统改进本族文化和吸引人才，"改族入汉"甚至成为国策。山西可以说是中华民族融合的前沿，这在山西省博物馆的学术调查中得到实证。仅对山西博物

---

1 来源：三星堆博物馆藏。

院、大同市博物馆藏南北朝时期的陶俑统计，衽式可辨识的陶俑，大同市博物馆北魏时期左衽服饰的陶俑有21个，右衽只有1个；山西博物院同时期左衽服饰的陶俑有13个，陶俑多为平民级的乐俑、舞俑、骑兵俑等。可见除了洛阳贵胄倾心于汉服，胡服短小紧身利于活动的特性使地方军事贵族以及平民仍习惯于着左衽胡服，甚至在汉族平民中广为流行（图6-3）。因此，胡服在这个时期被普遍接受，衽式是否左右共治是个重要的观察点。唐代属于自觉学习外来文化的时代，由于繁盛而具有强大的开放国策和包容国民心态，特别是渐入佳境的丝绸之路的中西（西域）民族间的往来频繁，统治者兼收并蓄的态度为彼此间风俗文化的传播和多元的异货贸易打通了道路。胡妆、胡服在中原也形成一时风气被追逐，不仅左衽胡服对于大唐子民来说并非落后的概念，而且也是中国古代服装襟式最多元且充斥个性的时代，值得注意的是官方却相对承袭汉统（图6-4）。

宋绍祖夫妇墓出土

宋绍祖夫妇墓出土

宋绍祖夫妇墓出土

石家寨村司马金龙墓出土

曹夫楼村宋绍祖墓出土

曹夫楼村出土

图6-3　北魏时期着左衽服饰的陶俑
（来源：大同博物馆和山西博物院藏）

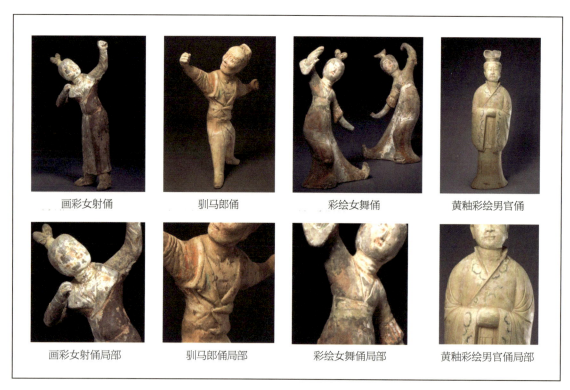

| 画彩女射俑 | 驯马郎俑 | 彩绘女舞俑 | 黄釉彩绘男官俑 |
| 画彩女射俑局部 | 驯马郎俑局部 | 彩绘女舞俑局部 | 黄釉彩绘男官俑局部 |

图6-4　唐朝襟式多元个性的服饰
（来源：故宫博物院藏）

　　至宋、辽、金时期，多个政权并立，战争促进了这个时期民族间的文化交流，最终由蒙元统一，建立了一个中国历史上版图最大的多民族统一的国家。然而，元代未像北魏时期的统治决策而一改汉制，由于蒙古人在此之前曾受到外来文化（主要是佛教）的影响，并和本土宗教萨满教融合，政治上倾向于多元化治国，因此汉文化并不是元代的一统文化。然而，由于统治的需要，蒙元承旧的衣冠制度，吸纳汉族朝祭服饰礼制以宣示正统，在民间也不强制改朝易服，汉民仍着汉服，形成了典型左右衽共治的时期[1]。值得研究的是，蒙古族的历史系满蒙不分，蒙人左衽的祖俗或是满人的传统，因此研究蒙元的衽式对满俗服饰的溯源有重要意义。山西省芮城永乐宫壁画为宋末元初官属道教艺术的重要遗存，在考察过程中发现壁画中的人物左右衽均有，重要的发现是左衽为主导，不乏道教主要人物以左衽示人，这在古代官方壁画中是极为罕有的，很值得做专题研究。结合实地学术调查和永乐宫图像文献的统计，壁画941个人物中，着左衽服饰的共218人，着右衽服饰的共177人，还有546人因姿势遮挡、无衽制、模糊不清而无法辨认[2]。这说明从可遇见的图像中，左衽多于右衽，这是否在兆示宋退元进。山西省晋城市玉皇庙建于宋元年间，其中绝品二十八星宿泥塑像由元代刘銮所塑，结合古天文的相术传统，将21种动物和

1　袁仄：《中国服装史》，中国纺织出版社，2005，第34-98页。
2　金维诺：《永乐宫壁画全集》，天津人民美术出版社，1997。

五行、日月天相融合于人，创造出有血有肉的"井木犴[1]""危月燕[2]"等神话形象。经统计，庙内二十八星宿雕像以及其他所供的雕像中着左衽服饰的有27个，着右衽仅3个，其余无法辨认。山西两处重要的宗教遗存，就衽式而言证明了宋末元初宋退元进的社会面貌（图6-5）。然而，《元典章·服色》记载："公服，俱右衽，上得兼下，下不得替上。"官方文献明确规定，公服俱右衽，包括质孙服[3]也用右衽。从芮城永乐宫壁画和晋城玉皇庙雕塑的图像文献与《元典章·服色》的官方文献记载对照看似矛盾，却并非如此，这种"矛盾"也正揭示了"衽式"博弈的文化机制。要知道永乐宫壁画和玉皇庙雕塑都产生于元初，"左衽"的蒙人标志就是正在宣示这个新兴政权的确立。《元典章·服色》作为国家法典一定是在政权稳固后形成，也正记录了这个法典从族属左衽到法统右衽的定制过程。但在民间并不强制，便熟视无睹。因此，元代因少数民族统治在衽式上是左右共治以右衽为主或是对儒家正统的回归，也为明代本承元制恢复汉统，以右衽为定制打下基础。可见，历史长河中的少数民族统治无论政治决策倾向于本族或汉族，共生的环境文化虽然避免不了相互之间习俗的传播和模仿，最终总会主动或被动地接受先进文明对其带来的影响，而形成不同统治期间衽式分久必合、合久必分的局面。到了清朝，干脆放弃左衽游牧文化早已不存在的传统而真正使右衽成为中华民族多元一体的文化符号（表6-1）。

---

1 井木犴，是中国神话中的二十八宿之一，南方朱雀七宿之一。南方朱雀七宿是指井、鬼、柳、星、张、翼、轸七个星宿。而井木犴就是指其中的井，是南方七宿的第一宿。

2 危月燕，属月，为燕。中国神话中的二十八宿之一，为北方七宿之第五宿，居玄武尾部。因为战争中，断后者常有危险，故此而得名"危"。

3 质孙服："质孙"是蒙古语"华丽"的音译，原为蒙古族戎服，形制上衣连下裳，衣式较紧窄且下裳亦较短，在腰间作无数的襞积，并在其衣的肩背间贯以大珠。后随经济的发展、物质条件的丰富，质孙服成为彰显地位、等级的重要手段，逐渐成为元朝内廷大宴时的官服。质孙服这个特定场合穿着的特殊服饰就成为蒙元时期宫廷服饰的代表。

永乐宫壁画

东极青华太乙救苦天尊及诸仙真三清殿神龛扇面墙外西面

南极长生大帝及诸仙真三清殿神龛扇面墙外东面

中宫紫微北极大帝及星宿诸神三清殿北壁东侧

东极青华太乙救苦天尊及诸仙真局部

南极长生大帝及诸仙真局部

中宫紫微北极大帝及星宿诸神局部

二十四星宿和殿龛彩塑

玉皇庙

成汤殿龛彩塑

井木犴

危月燕

参水猿

斗木獬

成汤殿龛彩塑局部

井木犴局部

危月燕局部

参水猿局部

斗木獬局部

图6-5 永乐宫壁画和晋城市玉皇庙塑像均左衽多于右衽

表6-1　中国历代衽式的流变

朝代	衽式	背景	图像文献
先秦时期	右衽为主	（汉统）华夏民族以行周礼为贵，以右衽作为尚礼的象征，与外族胡人着左衽服饰相对	 小菱形纹锦面绵袍（右衽） 江陵马山一号楚墓出土
秦汉时期	右衽为主	（汉统）秦代为一统多民族中央集权制国家，汉承秦制后，袍服、深衣等以右衽为主	 彩绘步兵俑（右衽）西汉
魏晋南北朝	左、右衽共治	（少数民族统治）魏晋时期基本遵循汉俗，长年战乱形成民族间的服饰交流。南北朝时期，北魏孝文帝推行汉化，但地方军事贵族以及平民仍习惯于着左衽胡服，甚至流行于汉族平民之间，从而形成左、右衽共治的局面	 左图：女子大十字髻发式伎乐俑（右衽）北魏 西安草场坡出土伎乐俑 右图：甲骑具装俑（左衽）北魏 山西省大同市曹夫楼村宋绍祖墓出土
隋唐时期	右衽为主	（汉统）唐代以右衽为主，但因与异国、异族的交流往来频繁，对外来文化采取兼收并蓄的态度，因此胡妆、胡服在中原也形成一时风尚，经过消化形成华风，胡人也着右衽服装以示高贵	 左图：彩绘胡人牵驼俑（右衽）唐 右图：《观鸟捕蝉图》（左衽）唐
宋代	右衽为主	（汉统）宋代服饰承袭晚唐遗制。即便宋帝禁止胡服的穿用，但北方少数民族逐渐强大初建政权，大面积占领了北方区域，尤其受辽影响，流行对左衽胡服的效仿	 素纱单衫（右衽）宋 江苏金坛周瑀墓出土

朝代	衽式方向	背景	图像文献
辽代	左、右衽共治	（少数民族统治）辽统治境内，北为契丹制，以左衽为主；南为汉制，以右衽为主	左图：《出行图》（右衽）辽 河北宣化张世卿墓出土 右图：《卓歇图》局部（左衽）五代
金代	左、右衽共治	（少数民族统治）统治期间南北分治，吸收汉族冠服制度	左图：罗汉瓷坐像（左衽）金 大同市博物馆藏 右图：石雕高僧坐像（右衽）金 大同四老沟煤矿金代塔基地宫出土
元代	左、右衽共治	（少数民族统治）元代结束多政权并立的局面，一统全国。在服饰上蒙古人虽在旧制的基础上融合汉族的朝祭服饰，但仍以蒙服为主，汉人仍着汉服	左图：灰陶男立俑（右衽）元 陕西历史博物馆藏 右图：印金提花绫长袍（左衽）元 内蒙古集宁路古城
明代	右衽为主	（汉统）至明朝时期，恢复汉族传统服饰形制，服饰等级有严格的制度规定	石青柿蒂飞蟒袍纹膝襕交领袍（右衽）明 收藏家李雨来藏
清代	右衽为主	（少数民族统治）清朝由满族统治。根据史料以及实物发现，满汉服饰皆以右衽为主，左衽几乎没有出现。可见清朝统治者面对多民族共存，顺从历史趋势，参考明朝汉文化结合后金现状，形成新的政体	左图（满族）：青色缎绣仙鹤花卉纹衬衣（右衽）晚清 右图（汉族）：石青色缎绣蝶恋花纹袄（右衽）晚清 收藏家王金华藏

3. 衽式清制

　　清朝是由满族统治的多民族统一国家。值得关注的是，目前的史料以及实物的研究显示，作为大一统的清王朝，无论是满族还是汉族，其服饰皆以右衽为主，左衽几乎没有出现，这要从清前历史探究其根源。早在明朝统治时期，努尔哈赤家族为明所用，有学者认为以"古勒寨之役"[1]为历史起点，努尔哈赤聚兵南征北战统一女真族成立后金封汗，接着以复仇之由反明建大清国。由此可得，努尔哈赤一族效力于明朝，经常与朝廷来往，作为明朝手下有级别的官员，环境、身份都会使他更早接触汉文化。1635年，《满洲实录》成书，具有满、蒙、汉三种文体。其中分别记载了1586年发生的斋萨献尼堪外兰首图、1587年的额亦都攻克巴尔达城图、1588年的三部长归顺图等，可证实努尔哈赤及手下将领在成立后金还未入关前，其服饰已有清代袍服的基本特征，圆领右衽大襟、窄身宽摆、马蹄袖，或许满族着右衽的出现时期比图示更早（图6-6）。建国初期，面对被统一的女真族，以及逐渐深入汉、蒙以及周边民族政权的局面，清统治者意识到满族的文化还不足够先进和有效统治这样一个有深厚文化传统与多民族的大国。因此，在治国策略上采用"参汉酌金"[2]的原则，以汉明文化结合后金现状建立新的政治体制。首要之制就是在服饰礼仪上沿明式衣冠制度，结构上保留了本族的特征。衽制上实行衽式清制，右衽成定制，改明盘领大襟为圆领大襟。因此，圆领右衽大襟成为贯穿整个清朝，无论是朝服、吉服、常服还是便服，无论是男服还是女服的标志。

1　古勒寨之役，《中国古代军事大辞典》中记："明朝镇压建州女真之战役。明万历十一年（1583年）正月，建州右卫阿台为报其父王杲被明朝所杀之仇，从静远堡、榆林堡攻打明军失败。二月，明宁远伯辽东总兵李成梁为'绝祸本'，由苏克素浒部图伦城主尼堪外兰引导，攻打阿台住地古勒寨（今辽东新宾西北）。攻城不克，则诱其部下杀死阿台以降。明军则尽屠城民。努尔哈赤祖父觉昌安、父亲塔克世也被明军误杀于此役中。"
2　参汉酌金，《中国古代军事大辞典》中解释："清代关外时期文馆大臣宁完我提出的立法思想。参汉，就是参取明朝的典章制度；酌金，就是斟酌吸收女真族固有的法律文化。参汉酌金的思想及其实行，对清代统一中国，建立稳定的统治起了积极的作用。"

斋萨献尼堪外兰首图

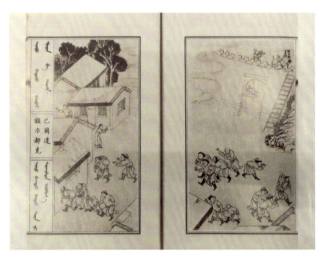

额亦都攻克巴尔达城图

三部长归顺图

图6-6 《满洲实录》记载满族入关前圆领右衽大襟的袍服

服装之衽是华夏文化传承的缩影。初左衽始于蛮俗，当精神需求高于物质需求的时候，礼制文化的雏形由此而起，衽式作为其外像表现，从游牧的上升文明到农耕的先进文化的社会生产方式催生了从左衽到右衽的发展，为区别于落后群体，权贵和文人也以此明示礼制之尊。当时代的轨迹逐渐往前推进，左衽并没有消失，因朝代更替或多或少地与右衽共存。汉族统治时期，服饰以右衽为主，因边缘地区的社会交流或迁徙等原因，也有左衽的融入。如唐朝主动吸收外来文化，胡服兴起，但这种交流是相互的，而出现多元且充斥个性的大唐气象，衽式只是一种选择。少数民族统治时期，无论是以本族文化或汉策治国，服饰左右衽共治是在宣示民族的认同。可见汉文化在历史的洗礼下，无论是主动吸收外来文化，或是被迫融合，都具有强大的包容性，形成以汉统为主体的多元文化。强大汉文化传统在清朝统治者看来，只有放弃左衽而全面右衽，且形成新的统一多元的服饰形制。同中华文化发展脉络一样，"衽式清制"也呈现出多元一体的文化特质。这种对中华服饰文化"满族范式"建构的贡献，与其说是汉化，不如说是满化。

二、满族襟制的传承

1. 古代襟制的衍变

衽式方向的左右博弈，在衽的基础上形成的衣襟也在历代政权更迭中经历了微妙的变化和发展，演绎着各代风华。从上古、中古到近古中华衣襟不过三类。第一类是对襟。对襟即由两幅中间相拼成两襟相对，古制呈"T"形结构一字领，两襟之间有系带相连或者腰带缠腰固定。对襟可以说是最古老的襟制之一，由简略的贯首衣结构发展而来。由于它几乎没有剪裁保持整幅，而在后世各朝代中都有继承，形制因扮演的社会角色也在发生改变。例如唐代胡服中的对襟翻领、汉人的半臂，宋代的对襟衣、褙子，以及清朝的礼便之服皆用襟式。"T"型对襟结构最忠实诠释着十字型平面结构[1]的中华原型，而后来的交领、盘领都是在此基础上发展而成。中古（唐宋）的T字结构圆形领正是T字结构一字领的进化，在明定制为盘领袍，在清朝定制为圆领袍。第二类是交领。《中国衣冠服饰大辞典》中对于交领和直领解释一致，因此又称直领，即"服饰领饰之一。制为长条，下连衣襟，着时两襟相交叠压，有别于圆领（对襟，本注）。礼衣之领多用此式"。除礼衣之外，其他服式也使用较为普遍。《释名·释衣服》记载："襟，禁也。交于前，所以禁御风寒也"。可见，交领是在对襟的基础上出现，用于抵御风寒的功能性上升到"礼"。伴随着社会性的分化，华夏一族和外族之间截然不同的生活习惯，使具有先进文化的一方在某些方面掌握着更多的主动权，周礼以右衽交领为贵，或许成为排斥落后文化、分辨尊卑阶层的一个暗号。第三类是圆领，形成由盘领结构到圆领结构的发展路径。圆领最早多用于西域，汉地称"上领"，魏晋时期逐渐传入中原。《朱子语类》云："上领服非古服，看古贤如孔门弟子衣服，如今道服，却有此意。古画亦未有上领者，惟是唐时人便服此，盖自唐初已杂五胡之服矣。"又云："今上领衫与靴，皆胡服，本朝因唐，唐因隋，隋因（北）周，周因元魏。"[2]可见，圆领（上领）最初并不是汉族形制。交领在礼服、道教等宗教服饰上广泛使用是因袭古制，且一直成为正统的标志。永乐宫壁画中的帝王

---

1 十字型平面结构，《古典华服结构研究》解释为"中国古典服装是平面直线剪裁，以通袖线（水平）和前后中心线（竖直）为轴线的'十'字型平面结构为其固有的原始结构状态。这种平面'十'字型结构以其原始朴素的面貌走过 中国漫漫五千年历史，一直延续到民国时期。"
2 黎靖德：《朱子语类 卷九十一 礼八·杂仪》，中华书局，1986，第2328页。

像、玉皇庙中主神的二十四星宿塑像多为交领，明代直裰[1]也是交领袍式，多为道僧、儒生所穿。打破交领一统天下是至唐宋，盘领大襟袍成为官服的标志，但并不是清朝圆领右衽大襟袍结构。因此应用明人"盘领"大襟称谓，大襟的末端可盘止肩线靠近脖子的一端用系带固定。蒙元时期也有存在，多用于汉儒。明代发展成高位盘领，并成定制，以"盘领袍"公服为典型。到清朝不仅右衽交领淡出主流，盘领大襟也基本进入了历史，取而代之地便是圆领右衽大襟，这是中国古代服饰史践行多元一体文化特质中谱写的"满俗汉制"篇章（表6-2）。

---

1 直裰，也作"直掇"，宋代已经出现，一般以素布为之，对襟大袖，衣缘四周镶有黑边，最初多用作僧人和道士之服，也有少部分文人穿着。到了元明时期，直裰的形制有所变异，大襟交领，下长过膝，无外摆，可当贴里穿，在文人、士大夫中流行。

表6-2 古代襟制的衍变

朝代	对襟	交领	圆领
先秦至汉	战国西域直领对襟袍	战国深衣制交领袍	新疆营盘绢襦
唐宋时期	直领对襟袍	交领袍	盘领袍
元代	直领对襟袄	左衽交领长袍	方领半臂
明代	对襟褂子	交领广袖袍	盘领大胡袖袍
清代	对襟褂	交领长袍	圆领右衽大襟袍

2.清制大襟

清代无论是满族还是汉族，男女皆穿圆领右衽大襟的袍服，可以说是以"大襟"治国，这就不难理解为什么进入清末民初前所未有的变革时代，唯有男人的长袍和妇女的旗袍坚守着，核心就是圆领右衽大襟。然而，此襟制是各前朝从未出现过的形制，却就像今天使用的汉字从不缺乏华夏基因一样。据史料可考，清朝的服饰在后金时期就已经有了圆领大襟的雏形，发现清在继承中华右衽之外，还将汉族的盘领和交领引入，融合于满族服饰，形成新的袍服大襟结构。从《满洲实录》中的图像文献可看到，努尔哈赤及其将领着圆领右衽"厂"型大襟、窄身马蹄袖的袍服，与大清袍服大襟弧线形制稍有差异（见图6-6），并在清初沿袭一段时间，到乾隆定制后成型，"厂"型大襟在主流中消失了。因此，我们以清之前、后金时期和清之后的三种大襟特点进行分析，满族无论是"厂"型大襟，还是弧线形大襟都隐藏着上古交领和中古盘领的中华基因（图6-7）。

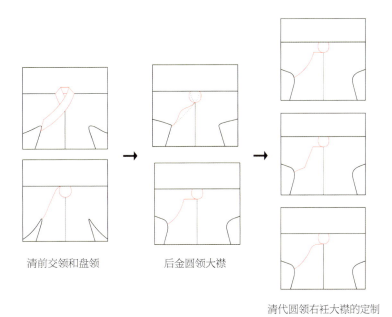

清前交领和盘领　　　　后金圆领大襟

清代圆领右衽大襟的定制

图6-7　满族袍服大襟演变

清制大襟沿大襟弧线从领口、右胸至腋下用系扣固定，这与明盘领只在上下端用细带固定不同，有保护人体和御寒的作用。以系统标本研究为实据发现清制大襟这一特点：以领口中心点和大襟转弯点用扣固定以遮挡整胸为目的，腋下点用扣固定下摆打开形成侧裾（骑乘方便）。以三点的变化为基础形成或急或缓的大襟弧线，三角固定的稳定性让衣襟与纽扣之间相互借力，胸前大襟突出的弧线以纽扣牵制前襟以保护人体的核心部位，可能比传统交领更具有抵御风寒的功效。大襟内凹的弧线使右手活动、存物更加方便，弧线延至侧缝系扣，这或许源于传承有序的元明"胸背[1]"制度。只是明代盘领大襟袍更适合朝廷官员（公服和常服的标准形制），而清代圆领大襟袍改制的原则不仅没有放弃功能，而恰恰相反，将功能要素提升到最高礼制象征。标志的圆领右衽大襟不必说，就是马蹄袖、下摆四开裾等这些马背民族特有的功能符号化，在朝服、吉服的礼服中即是必备的。从多民族统一的文化认同来说，取盘领右衽大襟不仅是清承明制的具体体现，重要的是将明盘领改清圆领，以宣示清朝独立的服饰体系。汉族女子虽在"十从十不从"禁令之外可承明朝旧制，但大襟同样放弃了盘领旧制[2]。同时在汉族女服中缘饰文化的影响下，满族女服也尚用缘边装饰领、襟、摆等处，且大有拓展，至晚清镶滚繁复精美，并将汉人的错襟发扬光大到无以复加的地步，清制大襟到了晚清，用满人贵妇便服的错襟粉饰岌岌可危的大清王朝是最合适不过的工具。

1　胸背，蒙元服饰较具特色的一种章制，即置于服饰前胸后背或圆或方的纹章。最早提及胸背的是《元典章》："尚书两个钦奉圣旨，胸背龙儿的段子织呵不碍事，教织着似咱每穿的段子，织缠身上龙的，完泽根底说了，各处遍行文书禁约休织者。"元明"胸背"是清后来的补子，明盘领大襟使胸前宽阔以置"胸章"，而清代圆领大襟在改制的同时也保留了此制度并在管制中发扬光大。清朝的补服制度就是从明朝的胸背制度发展而来。

2　汉人放弃盘领旧制，是基于满人圆领右衽大襟比旧制有诸多的优点而主动放弃。满族服饰是在长期生产生活过程中形成的文化积淀，满族因擅长骑射，喜好狩猎而有紧身、简洁、便于骑射的服饰风格，马蹄袖、下摆开衩、圆领大襟等服饰形制正体现了这样的民族习惯和性格。因而满人在建立清朝后，虽不强制汉族妇女着满族服饰，但因服饰良好的功能性以及整个社会环境的影响使盘领作为旧制被放弃。

三、错襟与云肩的智慧

学界对晚清大襟袍服普遍出现的领襟缘饰在前中位置出现的错位现象普遍认为，是满人服饰所反映的时代风尚。实物研究表明，它不仅与汉人同形同构，且与解决领缘饰边结构的合理性有关，即装饰背后的科学精神。清代袍服的圆领大襟，皆与前朝不同，这是继承明朝盘领大襟本族化的结果。在圆领大襟中镶缘宽大繁复的后果，带来的问题是领缘前中必破缝，由此前中襟缘作缝不足，施错襟解决应运而生，且在汉族女红中流行。尤其是在晚清，利用繁复的镶滚、绦带将错就错，利用绦带弥补缝份并强调使之成为晚清满族女子的标志性襟式。可见满族女服错襟的娇饰却出自实用的动机。通过对标本的系统研究，完全错襟在晚清满族女子便服中最常见，与此相伴的又有顺襟、大襟错、明整暗错等形制，由此强大的装饰性完全掩盖了我们对它本质的判断力，这确是古人匠作智慧，或呈女德教化靓妆值得进一步探究。

1. 错襟的由俭入奢

服饰的一种物质形态与这个时代的社会发展、经济状况和政治制度有直接的关系，这在一定程度上导向了审美的文化表象。错襟"俭"和"奢"转变的表象背后正是这个时代社会、经济和政治关系的物化，实物研究或许更能揭示这种关系。

对故宫清代织绣藏品信息的梳理对解决这个问题或有帮助。在礼服级别中能够断代的男朝袍共23件，女朝袍6件。男朝袍领襟绲边较窄，大襟上端与领口前中错位相接，襟缘镶片金，外沿织金带，这种形制为大襟错，并与披领成标配，视觉上成顺襟，女朝袍同制。在范围内的标本中，男女朝服基本上从康熙时期至晚清都沿用这种大襟错手法。道光时期朝服有一例，未配披领，领襟镶宽缘，通过实物图像依稀可见，领口前中缘边并无错位处理，而通过强行处理作缝，再绣作使前中图案工整，下缘外沿施绲条错襟消失，这种形制为顺襟，且只用于礼服（见图6-8左上）。可见礼服作为最高等级服饰的存在，错襟表面追求工整、对仗的仪式感被严格执行，与女子便服利用缘饰加强错襟的手段形成鲜明对比。吉服袍作为次于朝服但具有礼服功能的袍服，因不配披领，自顺治时期始，领襟加宽缘边的形制未有改变，以顺襟为主，辅以大襟错和明整暗错的形制。明整暗错，即结构采用错襟工艺，用图案将错位线修整：

领缘和襟缘在前中使图案工整对仗地接缝，领缘外沿施用绲条，行走轨迹缘外与缘内对接齐整。明整暗错在男装中用于礼服，在女装中可礼可便（见图6-8左中）。

便服不入典，故礼制的束缚性弱，致使晚清娇饰之气到达了顶峰。清早期便服与乾隆、嘉庆、道光时期的便服都表现装饰素净，无缘饰。道光时期之后，衬衣以及新制式的氅衣所呈现的便服风格令人耳目一新，尤其在光绪时期装饰程度不拘一格，复杂多变，也是缘饰十八镶滚盛行的时期。在这样的娇饰风格催促下，完全错襟大行其道，从标本发布的信息可归纳为两种。第一种是错位错襟，襟缘窄于领缘而在前中成错落对接，外沿镶边沿领缘至前中折拐向上（为前中的宽缘破缝提供作缝），大襟外沿以同样的面料镶边，整个镶边呈大"Z"字形。第二种为无错位错襟，即领缘与襟缘宽度相同可平整对接，其余皆与第一种相同。完全错襟看似复杂的工艺实际上为解决结构障碍的发挥而已。重要的是错襟发挥是有制度的，礼服尚礼制需平整对正，因此要尽量降低错襟的表现力而呈现完整的缘饰图案。而便服不受礼制束缚，在华丽风气的潮流下，直接在缘饰前中竖起一道镶边，像是遮挡住未知的部分留足想像，正是前中图案未能合理化的拼接而变得别样耐看，又使前中留够了作缝，古人的匠心或许是当今的研究者无法设身处地想像的，但从当中的智趣来看，足以让它合理地存在了（图6-8）。

可见，清代错襟形制的"俭""奢"是由远及近，由汉及满的。清早期服饰朴素，缘饰单一，无错襟可言。缘饰的丰富催生了错襟产生的必要性，既解决宽缘前中作缝不足，又附和了娇饰之风。这也就可以解释礼仪性服饰为什么多为顺襟或明整暗错，看似工整简洁却要匹配高标准的工艺技术。而便服中的完全错襟看似繁复华丽，实际上是出于能动的女德彰显，使功能隐匿了，而将错襟与满汉比较，汉俭满奢又有什么玄机（见图6-8）。

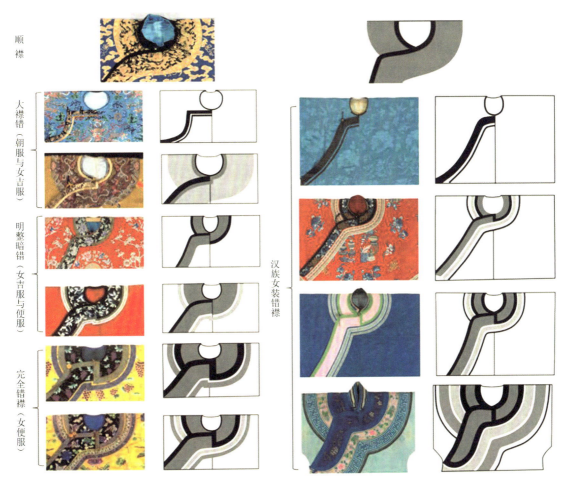

顺襟

大襟错
（朝服与女吉服）

明整暗错
（女吉服与便服）

完全错襟
（女便服）

汉族女装错襟

图6-8 错襟礼制教化的满汉同构[1]

2. 错襟与云肩的满汉各制

汉族女子服饰在清代与满族并立共存，保持本体又彼此融合。汉族有"衣作绣，锦作缘"的传统，便成领缘错襟的根源。清社会历经繁荣，其实质并非满俗独秀，而是满汉融合，不同的是坚守女德内修的艺术是酝酿汉妇错襟的温室，而满清贵族妇女是不会顾及什么女德内修的，将其颜质（表象）演绎得淋

---

1 唐仁惠、刘瑞璞：《晚清满族服饰"错襟"意涵与匠作》，《装饰》2019年第3期。

漓尽致又反哺给汉族。通过对北京服装学院民族服饰博物馆馆藏汉族服饰信息的梳理，明清汉族女服共计29件，其中错襟形制有8件，归纳出4种错襟（见图6-8右）。汉族错襟规制相对满族规整素雅，这就是所谓女德内修的集体表象。当然清朝满族作为统治者有天然的民族优越感，一定会把错襟打造成宫廷范本，也就有了错襟隐为上显为下的尊卑体系。而汉服多在民间流传，工艺上不受宫廷后妃制度的影响，但自古形成的儒家传统并未崩塌而传承有序。尤其在明末清初，"反清复明"情绪尚存，汉人大襟的镶绲盛行，又由于西方各种花式面料的引进，出现了少刺绣多绦带叠压手法的装饰，这反而为满族错襟的繁荣提供了技术手段，出现了反哺现象，汉人又从满人的完全错襟中创造了假错襟。事实上，这并不是它的主流，因为在传统中还有很多渠道，如云肩。

云肩是汉族女袄褂中常见的装饰手法。它是从明皇袍云肩章制发展而来，清承明制，云肩便成为帝后朝服的柿蒂[1]。汉族女子云肩可随时拆卸，也可缝在衣襟上，是两种不同的制式。缝合在衣襟上的云肩，褂制与袄制又不同。褂制云肩平铺时在前中随对襟而分开；袄制云肩平铺时随大襟在中间破缝，大襟压叠的里襟云肩，由于表面360°的面料被用尽，因此用拼接的工艺续整而成。通过对收藏家王金华和王小潇先生提供的标本实测和系统结构复原发现，领口围绕的云肩并非像领缘一样完整，而是在云肩表面图案对仗完整的基础上，将大襟压住的里襟云肩部分用碎布拼接而成，因此里襟云肩的前中不需要通过错襟工艺去解决作缝不足的问题。晚清汉族女子服饰虽然没有像满族错襟走繁复的路线，因为它还有更适合表达的云肩，我们看到的标本做工细腻，绣作纹样丰满精湛，可谓非富即贵。贵者尚用碎布拼接大襟下的云肩，更何况一般百姓，这就佐证了这里的拼接不只出于古人俭以养德的传统，也像满人创造的错襟美学一样，充满着儒家内修女德的匠心智慧（图6-9）。

---

1 柿蒂，是指柿子成熟后从树上摘下来，留在柿子背面凹陷处的花蒂。明朝华服可常见到柿蒂纹作为与领口一体的装饰，顾名思义如同柿子花蒂一样，四瓣于前后领口以及两肩十字分布，而后清承明制发展成为精美的绣品，可与衣领一体，也可单独拆卸。柿蒂又形似云朵亦称"云肩"。

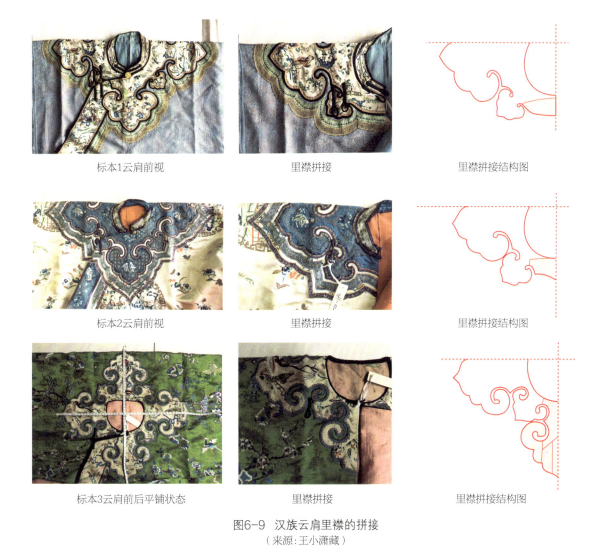

标本1云肩前视　　　　　　　里襟拼接　　　　　　　里襟拼接结构图

标本2云肩前视　　　　　　　里襟拼接　　　　　　　里襟拼接结构图

标本3云肩前后平铺状态　　　　里襟拼接　　　　　　　里襟拼接结构图

图6-9　汉族云肩里襟的拼接
（来源：王小潇藏）

四、清代女服的襟制与错襟

　　《清宫服饰图典》和故宫官网收录了清朝各个等级的男女服饰，一应俱全，是可靠的参考资料。研究藏家提供的标本信息得以相互印证，发现无论是朝服、吉服，还是常服、便服都不同程度采用了错襟结构，且男敛女放，礼寡便奢，有明显的尊卑取向。

1. 朝服襟式

　　清宫廷女子朝服从里之外由朝裙、朝褂、朝袍组配。朝褂、朝袍为衣，朝裙为裳，上衣下裳制。朝褂形制圆领对襟，套穿于朝袍外。朝袍套穿于朝裙之外朝褂之内，形制为圆领右衽大襟，襟式以两次折角至腋下，由于缘边领无襟反而形成大襟错制式。领口不系扣，大襟拐角处至腋下设系扣共4粒。整理康熙、雍正、嘉庆、咸丰四个时期具有代表性朝袍的图像信息，涵盖了清早、中、晚三个时期，比较襟式特征，除了微小差别，大体相同。

　　选择嘉庆时期的明黄色纱绣彩云金龙纹女夹朝袍的襟制分析，是考虑此为康乾盛世到清末势弱的关键时期。嘉庆女朝袍承袭旧制，圆领右衽大襟是清代朝袍的传统制式，其明显特征为，大襟的起始点从领口前中开始，水平向右再向下折拐，斜直向下再折拐至腋下。其"Z"字形大襟的轮廓有别于男子朝袍，以及女子吉服袍、常服袍等。男朝袍是第一次折角后圆顺地拐至腋下，吉服袍、常服袍无论男女自始至终都是圆滑状。从结构角度分析其功用，是由于朝袍外面套穿无袖朝褂夸张的袖窿造型，会使朝袍折线大襟避免外露。从礼制考虑，则表现了清乾隆后服饰的制度严明，不同等级品类、男女之间各有定式，以及传统文化中内不外秀的观念，尤其是女子。领口前中会合处没有系扣，这是由于朝袍必配有披领，通过其前中系扣替代，朝袍领口同设系扣会和披领扣子重合叠压而相互抵牾，因此为了解决朝袍前中因无扣而可能出现的缺口或不平贴、易变形的问题，在大襟折拐处与领口之间设扣两粒以作固定之用，腋下也设系扣两粒。根据图像信息，大襟缘边与袍服前中下错相接，下错尺寸刚好是大襟缘边的宽度。最后朝袍衣领和大襟用织金带绲边。根据领无缘边形成大襟错，当与披领配合整装后便成顺襟（图6-10）。

图6-10　明黄色纱绣彩云金龙纹女夹朝袍的大襟错[1]

2. 吉服襟式

　　清代女子吉服礼仪程度低于朝服，由吉服褂和吉服袍组配，褂着于袍外，不具披领。其中吉服褂为圆领对襟，领口绲边。吉服袍为圆领右衽大襟，大襟外缘区别于朝袍为顺滑曲线，领襟镶有绲边、绣片、织带等。在所收集的32例女子吉服袍信息中，时期从顺治到光绪，几乎涵盖了整个清朝，具有普遍性。通过对其襟式的归类，有顺襟和明整暗错两种，其中顺襟占31例。说明错襟在礼服中通过提升工艺"归顺"以表示尚礼，也就有了"上隐下显"的礼服和便服襟式区别。

　　明黄妆花绸满地云纹金龙吉服，属雍正时期女吉服袍。其形制为圆领右衽大襟，领缘和襟缘通用绲边，绣缘和织金带镶边且宽度相同，使前中拼缝图案对仗工整，连接圆顺，是典型的顺襟（图6-11）。吉服袍还有一种小错襟形

_____

1　来源：《清宫服饰图典》。

式，亦属顺襟，是由于领缘和襟缘宽窄略有不同，或保持中央图案拼整所致。由于宫内的服饰大部分送江南三织造[1]完成，领缘和襟缘绣作分别匠制，故宽窄和纹样并不能尽善尽美，而产生这种现象很普遍又不能裁割而形成"妥协工艺"。在很多标本中，领和襟各种饰边的排列不同是有意为之，也就自然产生微妙的错位，这或许正是错襟的魅力所在（图6-12）。香色地百蝶花卉纹妆花缎绵袍为乾隆时期女吉服袍，就是一例经典的内置小错襟形制，如果前三例是顺襟的一个内顺外错的话，本例就是外顺内错。实物领口绲窄边，镶绣缘"领宽襟窄"，但图案对接工整，襟缘镶宽边。缘上饰织金带，围绕领口窄边外沿至前中，折角向下，继续沿大襟宽边外沿行至腋下呈"Z"字形织金带，这种外顺内错就是女吉服袍中常用的明整暗错（图6-13）。

图6-11 顺襟的明黄妆花绸满地云纹金龙吉服袍[2]

---

1 江南三织造：清代在江宁（今南京）、苏州和杭州三处设立的、专办宫廷御用和官用各类纺织品的皇商，江宁织造、苏州织造与杭州织造并称"江南三织造"。
2 来源：《清宫服饰图典》。

| 顺治明黄八团云龙妆花纱单龙袍 | 康熙明黄八团云龙寿字妆花缎夹龙袍 | 乾隆绿缎绣博古纹绵袍 |

图6-12　清代吉服袍中的小错襟[1]

图6-13　乾隆明整暗错的香色地百蝶花卉纹妆花缎绵袍[2]

1　来源：《清宫服饰图典》。
2　同上。

3.常服襟式

常服非礼服但具有礼服的功用，通常用于祭祀，或称祭服，这种性质决定了它素雅的风格，襟式的装饰也降到最低。常服是除礼服之外唯一可以佩戴朝珠的服饰，由于穿着一般是在严肃、庄重的祭祀、斋戒、拈香祷告的场合，因此整体的服饰风格偏向雅致，通身暗花面料无绣饰，领襟用窄绲边，因为无任何缘饰也就不会产生错襟的问题。但大襟的形制保持一致性，可以说，除了朝袍外，清代的其余袍制大襟轮廓都是圆曲状态。值得研究的是，只有常服放弃了领襟缘饰，也就不存在错襟形制。这至少可以说明两个问题，一是错襟是因为克服领缘结构缺陷而生；二是领缘错襟不可避免，就出现了错襟制度，即礼服通过提升工艺来降低错襟的可视度形成了顺襟和明整暗错以示尚礼，便服则是将错就错，利用错襟丰富领襟缘边装饰以彰显个性，却不可用于朝堂。唯有常服才表现出本真的结构形制，以大红万字菊纹漳缎夹袍为例，此为嘉庆时期女子常服袍，圆领右衽大襟，领襟绲窄边，领口、大襟、腋下设系扣共4粒，这些形制几乎和便服相同，不同的是领襟保持绝对的素净，但尚存马蹄袖满族基因以行祭礼所用（图6-14）。

图6-14　无缘边的大红万字菊纹漳缎夹袍[1]

---

1 来源：《清宫服饰图典》。

4. 便服襟式

女子便服在清代是不受典章约束的日常服饰，也是目前遗留实物最多、最丰富的品类之一，因装饰风格、匠作工艺缤彩纷呈，民间收藏颇丰。在统计的实物图像资料和民间收藏中，以袍制的衬衣和氅衣为主，衬衣可单穿，也可套穿氅衣或坎肩，总体上比氅衣朴素。氅衣作为单纯的外衣，装饰相对丰富。就襟式而言，这类袍服基本上包含了顺襟、大襟错、明整暗错、完全错襟四种全部错襟样式，但其中完全错襟最为普遍，也是最能诠释满俗汉制时代特征的。从时间上看，清早期便服多朴素，领口大襟无镶饰，也就不存在错襟；晚清满族统治下的社会经历繁盛阶段，积累的社会财富使人们生活更多了闲情逸致，对于满人来说加上晚清内忧外患的时局，使艺术风格逐渐趋向娇饰以粉饰太平。表现在工艺上极具繁缛堆砌，学术界将此与西方同时期的洛可可艺术风格相提并论。服饰也是一样，十八镶滚在此时出现不是偶然的，错襟便成了它的注脚。

光绪时期品月色缂丝凤凰梅花皮衬衣很具代表性，其圆领右衽大襟，表面看似顺襟实际上是将整个领襟与绦边缂织于一体，因为没有使用宽阔的绣片（缘）也就不用错襟工艺更显珍贵。领襟饰缂织蝴蝶绦边、元青长圆寿字梅花边，前后身硕大的缂织金碧辉煌的凤凰纹和下摆缂金织造的海水江崖图案，彰显了皇家的华贵富丽。这种把礼服、吉服的装饰图案和顺襟工艺用于便服，是清宫衬衣中唯一的一款，反映了晚清宫廷服饰追求娇饰达到无以复加的地步（图6-15）。完全错襟在晚清便服中达到顶峰，光绪时期最具代表性，其中分为外错和内错两种制式。光绪时期大红纱绣平金彩蝶喜字纹氅衣为外错。领口绲窄边、镶宽缘。襟缘窄于领缘并与之错落对接。领缘外沿镶边至前中折拐向上，到大襟外沿以同样的面料镶饰，整个缘边呈大"Z"字形，外沿以同样形式在前中形成折拐小"Z"字。此形制可谓氅衣的标志性元素（图6-16）。光绪时期明黄绸绣牡丹平金团寿单氅衣为内错襟。领口绲窄边、镶宽缘。襟缘和领缘排列相反形成错位对接，外沿镶边沿领缘至前中折拐向上，大襟外沿以同样的面料镶饰，整个镶边呈大"Z"字形，领襟下缘拼接整齐，外沿用绦带平顺镶饰（图6-17）。

图6-15 便服用礼服顺襟的光绪品月色缂丝凤凰梅花皮衬衣[1]

图6-16 外错襟的大红纱绣平金彩蝶喜字纹氅衣[2]

图6-17 内错襟的明黄绸绣牡丹平金团寿单氅衣[3]

1 来源：《清宫服饰图典》。
2 来源：《清宫后妃氅衣图典》。
3 来源：《清宫服饰图典》。

五、本章小结

襟，与领相连，是衣之首要，包含了衽式和襟制的重要信息。满族以圆领右衽大襟一统天下，开创了新时代，也给缘饰的发展提供了可能，发挥到极致的错襟，以极具装饰感的表象几乎让史学家丧失了判断力，它以匠作、审美、礼教于一体的惊艳表现却都是为了克服领缘结构的缺陷，其将错就错的智慧，可谓独具匠心又难以置信。

衣襟始于左衽，当自我革新的精神需求使农耕社会优于游牧社会（少数民族）发展并强大起来的时候，右衽集团区别于左衽集团，并成为先进文化和礼制的象征。时代轨迹的推进，汉族统治以右衽成为正统；而少数民族统治从本族优越的左衽为先，到民族融合的左右衽共治，再到右衽的一统天下，创造了以满俗汉制为特征的多民族统一国家。襟制上创造了以继承明式盘领右衽大襟到清式圆领右衽大襟满族范式。值得关注的是，除了结构上的革新，装饰风格也走上了新高峰，汉族先进的手工艺和缘饰文化到晚清大放异彩。错襟本应是解决镶绲中缝份不足的办法，处理的结果朴素却与众不同，正是这种与众不同触发了满俗文化的神经成为晚清服饰中独有的文化现象，顺襟、大襟错、明整暗错、完全错襟成为解开满俗汉制的重要线索。满汉同构思想在服饰上的体现或许从"参汉酌金"国策上就早已显现。不可否认，满族统治者一统中原以汉为主流文化治理多民族统一大国，一个强大具有先进性和包容性的文化才是立国治国的根本，多民族统一国家的表现形式就是多元一体，满俗汉制这种充满智慧所表现的襟式文化样态或许是这种多元一体物质文化的缩影。

第七章

结　论

服饰是时代文化的外在表现，在历史的更迭中被推进和演变，至清代形成了独具特色、民族融合最辉煌的最后一个帝制王朝。也正是清朝作为我国最后一个封建王朝，留下的文献、实物资料最多。尤其是晚清，不仅呈现满汉融合的盛况，又衔接了民国西风东渐的时代大潮，处于变化最为丰富、大胆，也是最为动荡的探索选择国家出路的时代。满族女子服饰恰好是这个时代最精彩纷呈的缩影。男性的政治角色高于女性，则服饰变化相对稳定，女子服饰仅礼仪性服饰被记载于典章，因此在政治束缚弱的情况下，又有与满汉服饰并行的直接路径，其发展在晚清时期的丰富程度可见一斑，是中国古典文化最后的瑰宝。因此，研究这一时期满族女子服饰文化具有特殊意义。

　　本研究最主要的成果并未止步于对文献的梳理，结合对标本的研究试图得到更客观的结论与学术发现。通过对标本系统的信息采集、结构图复原以及数字化处理获得一手资料，为晚清女子服饰文化的研究提供了重要实据。不仅直观地获得服饰文物的面料、纹饰、结构等物质文献，特别通过满汉袖制和襟制的比较研究与文献结合透过物质形态探究其时代的文化意涵，看到了满族服饰历史细节的生动与深刻。

一、满汉袖制的保留与融合

　　当晚清女子服饰呈现满汉同构的局面时，袖制表现得最为突出，这与满族深厚的游牧传统文化有关，在保持本族个性的同时，为统治的需要借汉统求共治，具有标志性的就是汉族的袖胡与满族的马蹄袖共制。袖胡在历史上的出现本是为了解决袖身过宽造成活动不便的问题，又逐渐从功用被推向道儒礼制，袖胡越大礼仪等级越高，视为汉统。在晚清满汉服饰文化共融的背景下，汉族受满文化影响袖身较前朝变窄，袖胡的功用和礼制皆失，但汉文化在汉俗中根深蒂固，因此，保留下来较浅的袖胡与前朝大相径庭，成为一种风尚而流传。满族的马蹄袖是满服窄袖形制在袖口上连接的袖头，骑射时放下可保护手背不被寒风吹袭，入关之后作为礼仪之制被保留下来，入关后自始至终保留着成为满俗基因，也是区别礼服和便服的标签。因马蹄袖制式的局限，致使袖身始终保持由宽至窄的轮廓。而道光、光绪时期出现的一类特殊的吉服袍，即采用便服宽袖与马蹄袖的结合，是满汉袖制融合的实证，时间发生在晚清。

　　晚清满族女子便服的袖制，与汉俗几乎没有差别，相近的宽度下覆盖同样华丽的镶滚。从历代服饰的图像信息来看，装饰程度是由弱至强，汉族高超的工艺基础使缘饰在晚清达到高峰，加宽的袖式为缘饰的发展提供了条件，繁复的绣片、绦带装饰从清中期到晚清成为女子效仿的风尚。仅从外观来看，满汉女子便服袖制几近相似，从结构和工艺的标本研究发现，两者皆有舒、挽袖制。然而汉族最丰富的程度也只是在袖口宽缘的基础上加饰绦带或一次挽袖，而满族除了舒袖之外，挽袖的繁复已经发展到了登峰造极的程度，长短、形状、疏密各有不同，呈现出比汉族更具娇饰的局面。此结论在收藏家王金华、王小潇先生提供的标本以及现存的图像史料中都得到印证，而在所收集的范本之外是否有其他形制，还未可知。满汉袖制装饰风格之间的差异，很有可能是宫廷和民间的价值取向所造成的，但无论如何，晚清满族服饰尤其是女子便服确与清早期有很大差别。入汉地行汉策与汉人共处，这种潜移默化的生态改变是满汉相互靠近的必然。也可以说，服饰始终服务于人，即使在礼制的束缚下，就像东北寒冷地区需要马蹄袖御寒、中原的温暖气候需要宽袖释放温度一样重要，而经济和习惯，是审美趋势产生的温床。

二、晚清女袍大襟结构的革新与错襟风格的衍生

    清制的圆领大襟，可以说是清代服饰文化另一个独具特色的标志，主要表现在衽式、制式和缘饰上。回首历代服饰衽式的变化，其左衽或右衽与是否少数民族统治有重要的关联，汉族统治时期多以右衽为主，少数民族统治时期则左右衽共制，至清代全为右衽，左衽几乎消失。圆领大襟是结合了明式的盘领和华夏古制惯用的交领，融合满族固有的袍服，形成的新制式，其形制据史料可查，后金时期就已形成，入关后成为定制。在经济繁荣时期，缘饰的发展踵事增华，本为加固防止边缘磨损的缘饰，在清代凡是边缘都有多层绣片、绦带的装饰，其华丽程度可见一斑，其光彩可以与汉族的云肩比拟。由于缘饰的布局以次烘托主，以绣片宽缘为主，绦带、织带等为辅，然而绦带的细度可以在归拔下随领圈、大襟转弯，而绣片宽缘的做法则需要一个圆形布片，中间掏出领口的形状，前中破缝，即一个360°的圆环。由于领缘饰要与大襟缘饰相连，360°已是极限没有多余的缝边，这需要高超的缝匠在礼仪性服饰中，能够通过刻意的工艺去弥补形成顺襟、大襟错、明整暗错等。而晚清大量的便服中，我们更多看到的是完全错襟，即利用"Z"字形绦带在前中镶滚预留作缝的量连接大襟。因此，我们看到繁复精美的装饰下，实则也隐藏着格致精神。汉族的民间习惯不如宫廷制衣系统严谨，在所见到的标本中，错襟似乎更加程式化，功用价值弱于对丰富性的需求，而这种情况表现出满奢汉寡，源头却在汉俗，标本研究证明了这一切。

三、晚清女服从满汉融合到一体多元

在对晚清女子便服标本研究的同时，也对文献纵向的时间推进进行研究，发现清早、中、晚期所呈现完全不同的现象，更是掺杂着彼此间错综复杂的融合与保留。如果说晚清是末代帝制的最后辉煌，这种辉煌并非指政治或经济上的，而是服饰表现出来的多彩纷呈。它的多彩实际上也是中华民族几千年文化底蕴的缩影。无论哪个朝代、哪种思潮影响，它都会取百家之长集中于这个时代而衍生出新事物。满族服饰在清早期礼仪制度尚不健全，皆着传统的窄身窄袖的袍服，马蹄袖形制广泛使用可以说是游牧族属文化的惯性。随着礼法的确定，满族传统服饰中窄身窄袖的特性、马蹄袖形制、下摆开衩结构便被定为礼仪之制，而这意味着摆脱了"清承明制"而成满洲特色的清制华统。例如女属便服未被列入典章制度就是前朝之制，从目前遗留的大量实物可见，便服因礼法约束弱而与汉服之间更易产生大幅度的交流，晚清已呈现与汉服同制的宽袍大袖，仅能在穿搭方式上得以分辨。当纵向比较将晚清满族服饰的变化归因于与汉族文化的融合时，那么横向上与汉族服饰的比较要从结构入手。呈现在结构上的，襟、袖是变化中最具核心的部位，可以说在融汉俗为满制的过程中，两者在相互博弈中产生新形制。最具典型的就是源于汉人的挽袖和错襟都走向了娇饰，而汉人风尚化的袖胡从未染指满俗。又由于主体的不同，满族的优越意识而多贵族和汉族的"附庸"角色也多平民。礼法约束、基础形制、工艺水平的不同，各自在共融的基础上，仍然保持了各自的距离和风格，最终在民国以旗袍的出现画上了句号。

清代满汉服饰文化从相互排斥到融合，使晚清女子服饰从异俗走向了满汉同构，总之一体多元的中华文化特质，晚清服饰给了一个生动而深刻的诠释。民国时期西风东渐、去伪存真、去繁就简的旗袍，将清代满族袍服以另外一种方式留存了下来。可见在满汉博弈的过程中，并非满族单向地吸收汉文化，而旗袍在民国成为满汉同构的文化现象，也恰恰证明了满族服饰在吸收汉族文化后所形成的成果，最终被共用，也是对汉族的反哺，此为在不同文化交往、交流、融合与自我革新中产生不同民族特色的服饰共同体。

参考文献

[1] 赵尔巽,等. 清史稿·舆服志[M]. 北京: 中华书局,1998.

[2] 竺小恩. 中国服饰变革史论[M]. 北京:中国戏剧出版社,2008.

[3] 中华世纪坛世界艺术馆. 晚清碎影:汤姆·约翰逊眼中的中国 (1868-1872)[M]. 北京:中国摄影出版社,2009.

[4] 允禄,等. 皇朝礼器图式[M]. 扬州:广陵书社,2004.

[5] 曾慧. 满族服饰文化研究[M]. 沈阳:辽宁民族出版社,2010.

[6] 叶梦珠. 清代史料笔记丛刊:阅世编[M]. 北京: 中华书局,2007.

[7] 沈从文. 中国古代服饰研究[M]. 上海:商务印书馆,2011.

[8] 李雨来,李玉芳. 明清织物[M]. 上海:东华大学出版社,2013.

[9] 刘瑞璞、魏佳儒. 清代古典袍服结构与纹章规制研究. 北京:中国纺织出版社,2017.

[10] 汪芳. 衣袖之魅——中国清代挽袖艺术[J]. 美术观察,2012(11):102-106.

[11] 本社. 中国织绣服饰全集[M]. 天津:天津人民美术出版社,2004.

[12] 李治亭. 清康乾盛世[M]. 南京:江苏教育出版社,2005.

[13] 周锡保. 中国古代服饰史[M]. 台北:丹青图书有限公司,1986.

[14] 黄宗羲. 深衣考[M]. 北京:中华书局,1991.

[15] 崔高维校点. 礼记·深衣[M]. 沈阳:辽宁教育出版社,2003.

[16] 刘瑞璞,邵新艳,马玲,等. 古典华服结构研究[M]. 北京:光明日报出版社,2009.

[17] 李泽厚. 美的历程[M]. 北京:文物出版社,1981.

[18] 屈万里. 尚书集释[M]. 上海:中西书局,2014.

[19] 许平山,史锋,宣凤琴,等. 清代氅衣造型工艺特征分析[J]. 丝绸,2017(3):44-50.

[20] 宋雪. 民国时期女性"倒大袖"上衣研究[D]. 无锡:江南大学,2016.

[21] 白云. 中国老旗袍:老照片老广告见证旗袍的演变[M]. 北京:光明日报出版社,2006.

[22] 吴敬,王彬. 论清代满族旗袍及文化的演变[J]. 艺术教育,2010(6):140-141.

[23] 张万君. 浅谈中国旗袍的样式[J]. 文艺生活·文海艺苑,2015(4):137.

[24] 李楠. 从传统"宽衣"到现代"窄衣"——民国时期中国女装的改革步伐[J]. 服饰导刊, 2014(1):77-80.

[25] 刘瑞璞,朱博伟. 旗袍史稿[M]. 北京:科学出版社,2021.

[26] 王金华,周佳. 图说清代女子服饰[M]. 安徽:黄山书社,2013.

[27] 袁仄. 中国服装史[M]. 北京:中国纺织出版社,2005.

[28] 陈祖武,汪学群. 清代文化志[M]. 上海:上海人民出版社,1998.

[29] 张士尊. 清代东北移民与社会变迁[M]. 长春:吉林人民出版社,2003.

[30] 徐珂. 清稗类钞[M]. 北京:中华书局,1986.

[31] 沈玉,吴欣,付燕妮. 清代龙纹袍的袖部形制特点及内涵[J]. 服装学报,2020(2):134-138.

[32] 张岱年. 大清五朝会典(第十册)[M]. 北京:线装书局,2006.

[33] 张琼. 清代宫廷服饰[M]. 上海:上海科学技术出版社,2006.

[34] 王鸣. 从满族风俗看清代民间服饰[J]. 装饰,2004(5):65.

[35] 孙云. 清代女装缘饰装饰艺术研究[D]. 太原:太原理工大学,2015.

[36] 王淑华. 清代服饰三蓝绣文化基因传播与传承路径探究[J]. 东华大学学报(社会科学版),2019(2):145-151.

[37] 王淑华,柏贵喜. 清代服饰三蓝绣基因图谱研究[J]. 丝绸,2019(1):86-93.

[38] 袁仄. 外国服装史[M]. 重庆:西南师范大学出版社,2009.

[39] 李当岐. 西洋服装史[M]. 北京:高等教育出版社,2005.

[40] 钟茂兰,范朴. 中国少数民族服饰[M]. 北京:中国纺织出版社,2006.

[41] 姜小莉. 满族萨满教与清代国家祭祀[M]. 北京:中国社会科学出版社,2021.

[42] 王建舜. 北魏陶俑[M]. 太原:山西经济出版社,2020.

[43] 周远廉. 清太祖传[M]. 北京:人民出版社,2004.

[44] 王统斌. 历代汉族左衽服装流变探究及其启示[D]. 无锡:江南大学,2011.

[45] 金维诺. 永乐宫壁画全集[M]. 天津:天津人民美术出版社,1997.

[46] 王者悦. 中国古代军事大辞典[M]. 北京:国防大学出版社,1991.

[47] 黎靖德. 朱子语类卷九十一·礼八·杂仪[M]. 北京:中华书局,1986.

[48] 佚名. 辽宁省档案馆编. 满洲实录[M]. 沈阳:辽宁教育出版社,2012.

[49] 刘畅,刘瑞璞. 明代官服从"胸背"到"补子"的蒙俗汉制[J]. 艺术设计研究,2020(4):59-62.

[50] 王渊. 中国明清补服的形与制[M]. 北京:中国纺织出版社,2016.

[51] 唐仁惠,刘瑞璞. 晚清满族服饰"错襟"意涵与匠作[J]. 装饰,2019(3):116–119.

[52] 龚书铎,刘德麟. 图说天下·清[M]. 长春:吉林出版集团,2009.

[53] 孙彦珍. 清代女性服饰文化研究[M]. 上海:上海古籍出版社,2008.

[54] 周汛,等. 中国古代服饰风俗[M]. 西安:陕西人民出版社,2002.

[55] 华梅,等. 中国历代《舆服制》研究[M]. 北京:商务印书馆,2015.

[56] 张竞琼. 从一元到二元:近代中国服装的传承经脉[M]. 北京:中国纺织出版社,2009.

[57] 曾慧. 东北服饰文化[M]. 北京:社会科学文献出版社,2018.

[58] 冯林英. 清代宫廷服饰[M]. 北京:朝华出版社,2000.

[59] 黄能馥,陈娟娟. 中国服装史[M]. 北京:中国旅游出版社,2001.

[60] 华梅. 服饰文化全览[M]. 天津:天津古籍出版社,2007.

[61] 徐海燕. 满族服饰[M]. 沈阳:沈阳出版社,2004.

[62] 竺小恩. 中国服饰变革史论[M]. 北京:中国戏剧出版社,2008.

[63] 张晨阳,张珂. 中国古代服饰辞典[M]. 北京:中华书局,2015.

[64] 故宫博物院. 清宫后妃氅衣图典[M]. 北京:故宫出版社, 2014.

[65] 吴相湘. 晚清宫廷实纪[M]. 北京:中国大百科全书出版社,2010.

[66] 夏艳,李瑞芳. 大清皇室的走秀台[M]. 北京:中国青年出版社,2011.

[67] 瞿同祖. 清代地方政府[M]. 天津:天津出版社,2011.

[68] 李寅. 清代后宫[M]. 沈阳:辽宁民族出版社,2008.

[69] 刘瑞璞,陈静洁. 中华民族服饰结构图考·汉族编[M]. 北京:中国纺织出版社,2013.

[70] 徐海燕. 满族服饰[M]. 沈阳:沈阳出版社,2004.

[71] 王金华. 中国传统服饰·清代服装[M]. 北京:中国纺织出版社,2015.

[72] 严勇,房宏俊,殷安妮. 清宫服饰图典[M]. 北京:紫禁城出版社, 2010.

[73] 杨孝鸿. 中国时尚文化史:清·民国·新中国卷[M]. 济南:山东画报出版社,2011.

[74] 翟文明. 话说中国第12卷:服饰[M]. 北京:中国和平出版社,2006.

[75] 陈娟娟. 中国织绣服饰论集[M]. 北京:紫禁城出版社,2005.

[76] 陈美怡. 时裳:图说中国百年服饰历史[M]. 北京:中国青年出版社,2013.

[77] [美] 凯瑟琳·卡尔. 美国女画师的清宫回忆:晚清宫廷见闻录[M]. 北京:紫禁城出版社, 2009.

[78] [美] 德龄,容龄. 在太后身边的日子:晚清宫廷见闻录[M]. 北京:紫禁城出社,2009.

[79] 仲富兰. 图说中国百年社会生活变迁(1840-1949):服饰·饮食·民居[M]. 上海:学林出版社,2001.

[80] 梁京武,赵向标. 老服饰[M]. 北京:龙门书局,1999.

[81] 双林. 清代服饰[M]. 天津:天津人民美术出版社,2000.

[82] 金性尧. 清代宫廷政变录[M]. 上海:上海远东出版社,2012.

[83] 陆勇. 清代"中国"观念研究[M]. 西安:陕西人民教育出版社,2015.

[84] [日] 松浦章. 清代海外贸易史研究(上)[M]. 李小林,译. 天津:天津人民出版社,2016.

[85] [日] 松浦章. 清代海外贸易史研究(下)[M]. 李小林,译. 天津:天津人民出版社,2016.

[86] 王佩環. 清代后妃宫廷生活[M]. 北京:故宫出版社,2014.

[87] 李斗. 扬州画舫录(卷九)[M]. 济南:山东友谊出版社,2001.

[88] 梁启超. 清代学术概论[M]. 上海:上海古籍出版社,2005.

[89] 缪良云. 中国衣经[M]. 上海:上海文化出版社,2012.

[90] 李家瑞. 北平风俗类征[M]. 北京:北京出版社,1937.

[91] WILSON V. Chinese dress[M]. London:The Victoria and Albert Museum, 1986.

[92] 宗凤英. The Ming and Qing imperial costumes in Edrina Collection[M]. 香港:香港中文大学文物馆,2009.

[93] 严勇,房宏俊. 天朝衣冠——故宫博物院藏清代宫廷服饰精品展[M]. 北京:紫禁城出版社,2008.

[94] 满懿. 旗装奕服[M]. 北京:人民美术出版社,2012.

[95] 王宏刚,富育光. 满族风俗志[M]. 北京:中央民族学院出版社,1994.

[96] 包铭新. 中国北方古代少数民族服饰研究[M]. 上海:东华大学出版社,2013.

[97] 陈癸淼. 清代服饰[M]. 台北:"国立"历史博物馆,1988.

[98] 喻大华. 晚清文化保守思潮研究[M]. 北京: 人民出版社, 2001.

[99] [英] 李提摩太. 亲历晚清四十五年[M]. 北京: 人民出版社, 2011.

[100] 包铭新. 近代中国女装实录[M]. 上海: 东华大学出版社, 2004.

附 录

附录1 术语索引

附录2　图录

附录3　表录

后 记

　　《满族服饰结构与形制》《满族服饰结构与纹样》《大拉翅与衣冠制度》是五卷本《满族服饰研究》的卷一、卷二和卷四。在满族服饰研究之前做了针对满族文化的服饰标本、民俗、历史、地理学、文化遗存的田野调查等基础性研究，并纳入到倪梦娇、黄乔宇和李华文的硕士研究课题。课题方向的确定与清代服饰收藏家王金华先生提供的实物支持有关。他的藏品最大特点是满蒙汉贵族服饰成系统收藏，等级高、品相好、保留信息完整。他还有多部专业的藏品专著出版，被誉为学者型收藏家。此为本课题满汉服饰文化的比较研究和清代民族交往、交流、交融的探索提供了绝佳的实物研究资料。特别是提供的清末满族贵族妇女氅衣、衬衣的系统藏品，为其结构与形制、纹样的深入研究得到了实物保证，为追考文献和图像史料以及相关的学术发现、有史无据等问题的探索都给予了实物支持。以满族妇女常服作为研究重点，还有一个重要原因，就是不论在有关满族的官方、地方和私人博物馆等都没有像王金华先生那样有成套的满族大拉翅收藏。要知道大拉翅作为便冠，最有经济价值的是它标配的扁方。这就是为什么无论是博物馆还是藏家对大拉翅收藏都钟情于扁方，甚至被称为收藏专项，而帽冠本体被弃之，即使保留还是要视其中的钿饰多寡而定。而王金华先生不同，不论有无经济价值，都要完整收藏。这种堪称教科书式藏品的历史信息，使它的历史价值、学术价值大大超越了它们的经济价值。且他无私地悉数提供研究，这种学者藏家的文化精神和民族大义令人折服。

　　因此，拥有成系统的满族服饰标本，就应该有一个成系统和深入研究的方案。根据这些标本形成了《满族服饰结构与形制》《满族服饰结构与纹样》和《大拉翅与衣冠制度》三个分卷的实物基础，制定了"王系标本"的研究方案。从2018年1月到2019年11月历时一年多的实物考据，为文献研究和实地学术调查提供了线索，配合满族文化发祥地的历史地理学调查和中原多民族交流史的物质遗存学术调查，也成为既定的基础性研究内容。

　　满族文化发祥地自然要聚焦在东北。在实物研究的中后期，组成导师刘瑞璞，成员倪梦娇、黄乔宇、李华文和何远骏考察团队，带着实物研究产生的问题到东北走访了满俗专家满懿教授和原沈阳故宫博物院研究室主任佟悦先生。

在满懿教授的推荐下，对满洲发祥地坐落在抚顺新宾满族自治县努尔哈赤起兵的赫图阿拉故地进行了调查，并得到满族池源老师的指导。调查的现实是，似乎满洲的影子全无，当地政府和民俗专家试图恢复满洲故地的面貌和物质文化遗存，但大都出于旅游的考虑，历史和学术价值有限，我们内心变得异常复杂。这让我们又回到有代表性民族交融遗存的调查上来。为什么清朝成为从民族融合到民族涵化的集大成者，是离不开"合久必分，分久必合"周期率的。不论是汉族政权还是北方少数民族政权，从魏晋南北朝、辽金元到清都集中在山西这片土地上，同时山西又是可以涵盖整个中华民族五千年文明史的标志性地域。因此在东北满族文化故地调查之后就进行了山西为期一个月的中原多民族交流史的物质遗存学术调查。

调查时间从2019年2月24日到3月20日为期一个月左右，由导师刘瑞璞，成员倪梦娇、黄乔宇和服饰企业家李臣德组成的团队，以自驾方式作"民族融合物质文化"历史地理学调查。除了晋以外还涉及陕豫两省，调查项目目的地共计104处，综合博物馆主要是山西博物院（晋中），晋北大同博物馆和晋南临汾博物馆。文化遗存有晋祠、双林寺、镇国寺、永乐宫、佛光寺等83处。文化遗址为晋国遗址博物馆、陶寺遗址、虢国遗址博物馆、云冈石窟等17处。通过山西具有代表性民族融合的文化遗存、遗址和有关服饰古代物质文化等统计发现，大清满洲服饰的形制结构、纹样儒化，比其他少数民族统治的政权更具有"民族涵化"的特质。例如在山西考古发现的服饰物质遗存，从魏晋南北朝到辽金元服饰的衽式都是左右衽共治，只有清朝采用与汉统一致的右衽制。纹饰的"满俗汉制"与其说是"汉化"，不如说是"满化"，满族妇女便服的挽袖满纹、错襟、隐裥等都表现出青出于蓝而胜于蓝独特的历史样貌。山西为期一个月的"民族融合物质文化"学术调查，是针对倪梦娇的"结构与形制"和黄乔宇的"结构与纹样"研究课题计划的。由于李华文此前得到台湾访学的机会，其研究课题"大拉翅结构研究"就得到了台湾学术调查的意外收获。因此大拉翅研究就有了台湾一手材料的补充：得到了台北"故宫博物院"铜质以外宫廷的大拉翅扁方补白，如玳瑁、白玉、金、茄楠木等扁方在民间极少见到；收获了台湾发簪博物馆两顶大拉翅标本、20余件满蒙扁方、大拉翅CT图像和一百余张晚清满蒙汉妇女头饰图像文献史料；对台湾大学图书馆相关风俗志文献、图像和实物史料进行了针对性研究；还得到台湾满族协会会长袁公瑾先生、收藏家吴依璇女士、柯基生先生、台湾实践大学许凤玉教授、传统服饰专家郑惠美教授的指导和实物研究等支持，谨此聊表谢忱。

在此，还要对本课题研究过程中团队成员朱博伟、陈果、常乐、唐仁惠、乔滢锦、郑宇婷、何远骏、韩正文等给予的各种协作、帮助和支持一并表示感谢。

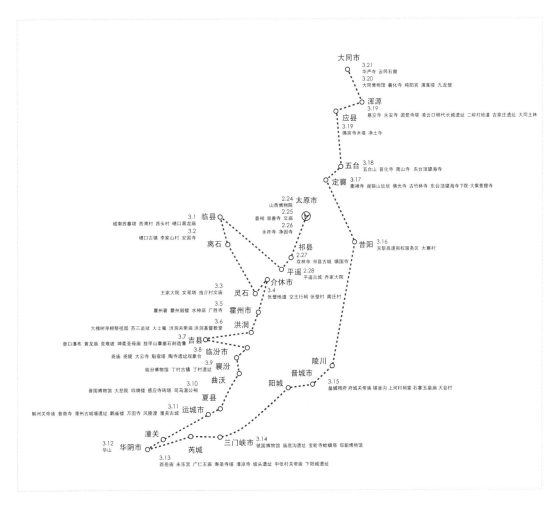

山西"民族融合物质文化"学术调查

作者于2023年5月